现代服装设计实践

李亚玲　著

中国财富出版社有限公司

图书在版编目(CIP)数据

现代服装设计实践 / 李亚玲著. — 北京 ：中国财富出版社有限公司，2020. 7

ISBN 978-7-5047-7177-3

Ⅰ. ①现… Ⅱ. ①李… Ⅲ. ①服装设计-研究 Ⅳ. ①TS941. 2

中国版本图书馆 CIP 数据核字(2020)第 108643 号

策划编辑 谷秀莉　**责任编辑** 田　超　刘康格　**版权编辑** 李　洋
责任印制 梁　凡　**责任校对** 卓闪闪　**责任发行** 于　宁

出版发行 中国财富出版社有限公司
社　　址 北京市丰台区南四环西路 188 号 5 区 20 楼　**邮政编码** 100070
电　　话 010-52227588 转 2098 (发行部)　010-52227588 转 321(总编室)
010-52227566(24 小时读者服务)　010-52227588 转 305(质检部)
网　　址 http://www. cfpress. com. cn　**排　　版** 中图时代
经　　销 新华书店　**印　　刷** 三河市嵩川印刷有限公司
书　　号 ISBN 978-7-5047-7177-3/TS · 0127
开　　本 710 mm×1000 mm　1/16　**版　　次** 2025 年 1 月第 1 版
印　　张 7　**印　　次** 2025 年 1 月第 1 次印刷
字　　数 75 千字　**定　　价** 48. 00 元

前　言

在人类文明的长河中，服装不仅是遮体保暖的基本需求，更是文化传承、审美表达和社会身份的重要象征。随着时代的变迁，服装设计作为一门融合了艺术、科技与文化的综合学科，其发展日新月异，不断引领着时尚潮流，反映着社会变迁和审美观念的演进。本书正是在这一背景下应运而生，旨在为读者提供一个全面、深入、具有前瞻性的服装设计知识体系。

本书开篇以“服装设计概述”为起点，简要回顾了服装设计师的工作内容、专业素质和职业发展。随后，深入探讨服装设计中的审美和风格，分析服装设计的审美元素、中国传统文化元素在服装设计中的应用、服装廓形与款式设计。

“服装与人的关系”章节解析服装语言与人际交往、服装的舒适性、服装与人的心理。在此基础上，展开“服装色彩设计搭配”的讨论，探讨服装色彩的特性、色彩的基本常识、色彩在艺术与服装中的呈现。

配饰作为服装设计的延伸，其重要性不容忽视。“服装的配饰”章节中，详细介绍了各类配饰的关键要素、配饰的生产流程、配饰的工艺、配饰的风格，帮助读者掌握配饰搭配的艺术。同时，我们也将目光投向未来，在“现代服饰的发展趋势”章节中，分析当前市场动态、服装流行趋势等。

最后，本书总结了“服装设计法则”，提炼出设计过程中应遵循的基本原则和实用技巧，为初学者提供指导，为资深设计师提供灵感。这些法则不仅关乎形式美感的创造，更涉及设计理念的传达、文化内涵的挖掘以及市场需求的满足。

《现代服装设计实践》一书，旨在为读者提供一个既全面又深入的服装设计学习平台，无论是初学者还是专业人士，都能从中汲取灵感，拓宽视野。期待这本书能够激发读者对服装设计的热爱与探索，共同推动现代服装设计艺术的繁荣发展。希望大家携手并进，在设计的世界里，不断追寻美、创造美、传递美。

目 录

第一章 服装设计概述 …… 1
第一节 服装设计的概念 …… 2
第二节 服装设计师的工作内容 …… 3
第三节 服装设计师的专业素质 …… 5
第四节 服装设计师的职业发展 …… 7
第二章 服装设计中的审美和风格 …… 9
第一节 服装设计的审美元素 …… 9
第二节 中国传统文化元素在服装设计中的应用 …… 18
第三节 服装廓形与款式设计 …… 25
第三章 服装与人的关系 …… 30
第一节 服装语言与人际交往 …… 30
第二节 服装的舒适性 …… 32
第三节 服装与人的心理 …… 44
第四章 服装色彩设计搭配 …… 48
第一节 服装色彩的特性 …… 49
第二节 色彩的基本常识 …… 55

第三节　色彩在艺术与服装中的呈现 …………………… 57
第五章　服装的配饰 …………………………………… 64
第一节　配饰关键要素 …………………………………… 64
第二节　配饰的生产流程 ………………………………… 66
第三节　配饰的工艺 …………………………………… 68
第四节　配饰的风格 …………………………………… 70
第六章　现代服饰的发展趋势 …………………………… 73
第一节　现代服饰的发展 ………………………………… 74
第二节　流行时装的产生 ………………………………… 76
第三节　影响服装流行的因素 …………………………… 83
第四节　服装流行的传播 ………………………………… 86
第五节　现代服装流行的特点 …………………………… 89
第六节　现代服装的主要风格流派 ……………………… 91
第七章　服装设计法则 ………………………………… 93
第一节　男装的特点和设计要点 ………………………… 93
第二节　童装的特点和流行趋势 ………………………… 96
第三节　礼服的特点和设计要点 ………………………… 97
第四节　运动服装的特点和设计要点 …………………… 100
参考文献 ……………………………………………… 102

第一章　服装设计概述

创意是指创造性的意念，是现代设计的一个全新的概念，旨在挖掘人的创造潜能，发挥人的主观能动作用，以人的智慧再创造出一个新的世界。

服装创意，是服装设计师以富于创造性的设计理念，借助服装材料和构成形式，来表现自己的情感和思想。服装创意极为注重人的创造性和作品的新鲜感，强调全新的观念、全新的视觉、全新的方法、全新的形式，以全新的事物带动服装潮流的发展。富有创意的服装设计师，往往把创意与审美放在首位，使服装的穿着功能退居其次。这样，服装创意就超越了为生活提供着装的基本内涵，成为一种具有特定意义的表现方式。

时至今日，服装创意不仅表现为外观的艺术性，更强调市场本身。如何将“艺术”与“市场”结合起来，让服装既好看又好卖，是服装设计工作者面临的一大课题。

第一节 服装设计的概念

一、服装概念

就相对广义的服装概念而言，服装是衣服、鞋帽装束、珠宝等的总称，可以泛指一切可以用来上身的物品。狭义的服装概念为用织物等软性材料制成的、穿戴于身的生活用品。

二、设计与服装设计

设计的定义，是把计划、构思、设想、解决问题的方式通过材料等以视觉的方式传达出来。服装设计是以服装为对象，根据设计对象的要求进行构思，运用恰当的设计方法和表达方式，完成整个创造性行为的过程。服装在制造之前，必须经过构思，然后选择材料再制作。

衣服，它首先是物品，既然是物品，就必然有形状。要构成形状，就必须有衣料，而有衣料就必然要有色彩，这就是色、形、质（衣料）三要素。

服装设计是一门造型艺术，它不是一般的形式和内容的组合，而是在艺术构思支配之下，依照美的规律，运用造型法则，在色、形、质三要素的基本构成上进行艺术与技术的再创造，创造出具有实体性视觉艺术的作品。研究和掌握这些规律和法则，对提高设计者的设计水平和艺术修养极为重要。

由此可见，人先有穿的意识，才能产生设计意识，随着设计意识的形成，促成美的效果。所以说，服装设计是用和美融为一体的工作。美的意识促进设计的需要，用与美，二者缺一不可。

第二节　服装设计师的工作内容

一、画设计图稿

画设计图稿，就是设计师将自己想做的服装用二维空间表现出来的过程。因为服装是三维的立体制品，所以二维的设计图不能完全表达各要素等，而要用附加文字来进行说明。这是将想法变为实物并让他人理解的必要手段。因此，在画设计图时，不仅要使整体风格特征突出，还要加强细部特点表现。

二、样板制作

样板制作一般由服装制版师完成。服装制版师根据设计图，运用立裁、平面的制版方式及 CAD 软件来制作服装样板。服装设计师要对服装制版师在做样板时的注意点进行指示说明。样板就像实现设计意图、制作服装的设计图一样重要，所以服装制版师的指示在整个设计过程中占有非常重的分量。

样板制作中，有设计师根据设计图向服装制版师说明自己想要的效果的，还有设计师根据工厂的裁剪和缝制方法自己完成生产用样板的，也就是说设计师本身兼任服装制版师的。

三、坯样确认

为了节约成本和时间，坯样多用白坯布，只做人体的半身，如果有不合适的地方，设计师指示服装制版师做调整或修改。当然，也有的公司直接用面料或代用面料做整件衣服。坯样确认的方法有很多，但通常是服装设计师和服装制版师直接沟通，商量提高作品完成度的方法，这也是最直接、有效的方法。

四、制作缝制指示书

缝制指示书是生产时指示制作方法的文件资料，内容包括缝制、裁剪、面辅料及整烫等，具体来说，包括主要部位的尺寸，写有注意事项的制品图，样板的缩小图，制定裁剪方法，指定所使用的辅料（衬布、里布、纽扣、拉链、缝线等），车缝针距等等。

经过以上设计过程，可以说完成的实物与设计师在画设计图时所想象的形象越接近，证明设计师的水平越高。

第三节　服装设计师的专业素质

我国服装设计产业在国际中具有较强的竞争力，现在由以前简单的加工仿制转向开发创新。因此，服装设计师的就业形势一片大好，优秀的服装设计师更是成为各大服装企业争抢的对象。

但是，想学好服装设计并非易事，不但需要天赋，还要有坚持不懈的毅力，以及最为重要的因素——兴趣，好的服装设计师要对服装的设计与装饰有独特的见解与创新。

服装变化对应社会变迁，如今的人对服装的需求从之前的传统款式向个性化转变，这就使服装设计行业备受瞩目，服装设计产业的发展产生了对服装设计师的大量需求，由此，许多学子开始将目光放在服装设计专业。

那么，学习服装设计，成为一名服装设计师需要具备哪几种专业素质呢？

一、良好的沟通能力

人际沟通能力指一个人与他人有效地沟通信息的能力。其中，恰如其分和沟通效益是人们判断沟通能力的基本尺度。恰如其分，指沟通行为符合沟通情境和彼此相互关系的标准或期望；沟通效益，则指沟通活动在功能上达到了预期的目标，或者满足了沟通者的需要。

设计师的沟通能力至关重要，当设计稿选定后，采购面料、制版、调版、制作样衣、生产大货等一系列环节，都需要与不同的人交流。设计师需要将设计理念、风格等传达给每一道经手的人，每一环节的小失误都会影响成衣的品质。因此，良好的沟通能力对设计师来说至关重要。

二、审美素养

审美素养在服装设计工作中十分重要。审美活动从直观感性形式出发，始终不脱离生活与生产劳动过程及其结果的直观表象和情感体验形式。审美活动又总是同时伴有一定的理性内容，会在理性层面上引发人们的深入思索。只是与一般的认识活动不同，审美活动中的理性内容并不以概念为中介，即不是以概念形式出现，而是以情感、想象为中介，以形象为载体。正是由于这样，审美活动才得以保持着自由的、独立的品格。而对于服装设计师来说，审美相当关键，建议从零开始学服装设计的人，先看大牌服装设计师经典的、成形的内容，多关注时尚、色彩等知识，慢慢培养自己的审美素养。

三、良好的流行元素捕捉能力

服装是时尚的艺术品，一个服装设计师除了要具备良好的美学元素捕捉能力，还应具备良好的流行元素捕捉能力。流行代表着市场，因此，对于一个服装设计师来说，流行元素捕捉能力是一个非常重要的职业素养。

第四节　服装设计师的职业发展

衣食住行，“衣”排在首位，是人们生活的必需品。服装设计师的主要工作是为人们设计创意新颖、风格各异、潮流的服饰。如今，人们更讲究外在美，追求时尚服装。而且，随着市场竞争的加剧，企业意识到原创设计对产品生命力的重要性，由此对服装设计师可谓求贤若渴。拥有独特设计理念，深谙市场，能够进行原创设计的服装设计师，十分紧缺。有多年经验、了解国际服装市场潮流的设计师也深受欢迎。

我国服装业的转型升级最需要的就是创新，而设计师作为产品的创造研发者，正是产品创新的主要领军人物，具有创新意识是服装设计师乃至服装企业、服装产业成功的法宝。目前，我国服装设计师人才紧缺，既有实践经验又熟悉中国传统文化和现代服装潮流的服装设计师实在是凤毛麟角。现有的服装设计从业人员整体素质有待提高。

服装设计师是潮流的带领者，也是美的创造者。创造出符合时代需求的服装产品，是服装设计师的追求。优秀的服装设计师需要做到：进行市场调研，了解目标顾客，关注流行趋势；结合服装的设计理念和自身的创意设计服装；了解服装的制作成本。最重要的是在工作的过程中，培养自己的核心竞争力。

第二章　服装设计中的审美和风格

第一节　服装设计的审美元素

一、服装文化的内涵与服装价值审美的形成

在服装设计纳入艺术学科之前，可以说它的文化内涵和艺术审美价值是潜在的，或者说是朦胧的。为什么这么说呢？我们知道，在过去，服装制作是通过宫廷和民间两条途径完成的，不管是哪种途径，服装都是由手工艺人在作坊中完成的。西方的服装在工业革命之前也是这样，工业革命之后，才进入一种规范化操作阶段。

不同时期有不同的代表性的服装款式。比如，我们国家，特别是近现代，清末民初男子的服装以长袍马褂为主，20 世纪二三十年代以中山装、旗袍为主，到了 20 世纪四五十年代，以列宁装、干部服为主，到了 20 世纪 70 年代，是以军便服为主，再到后来，就进入了国际化规范性的流行潮流，基本上和国际上同步了。

英国人查尔斯·弗莱德里克·沃斯，于 1858 年在法国巴黎开设

了世界上第一家也是唯一一家高级时装店，随后，法国的设计师、英国的设计师还有其他国家的设计师，纷纷在法国巴黎开设自己的服装设计店，他们均以制作手工时装为主。由此，开启了时装艺术领域规范化操作时代，也由此奠定了法国巴黎高级时装文化中心地位。在服装文化内涵和服装价值审美形成的过程中，法国人做了很大的贡献。法国人以他们的高级手工时装，作为悠久的优秀的法兰西文化的象征，进行传承、发展。法国人将时装称为第八视觉艺术，所以，从这个角度来讲，法国人对时装文化的贡献是举世瞩目的。

但是，到了20世纪60年代，服装界发生了一个很大的变革，由以往的以高级手工时装为主，演变为高级手工时装和成衣双轨并行发展模式。这种情况的出现，主要原因有两个方面，一方面，随着第二次世界大战结束，人们的文化生活越来越丰富，手工时装已经满足不了人们的需求，也就是说市场需求量增大；另一方面，青年设计师纷纷登上时装设计舞台，如伊夫·圣·罗兰、于贝尔·德·纪梵希、高田贤三、三宅一生等，他们从世界各地集中到巴黎，登上了高级时装设计的舞台。他们看到市场需求发生的变化，改变了服装原本的面貌，丰富了服装样式，影响了服装价值审美。由此来看，时代需求、服装设计师都是服装文化和服装价值审美形成的重要影响因素。

二、中西方服装审美文化的差异

中国服装审美文化大致是在黄河文明的基础上，在相对于西方来说比较固定和封闭的地区环境中形成的。随着文明的不断进步及朝代的更迭，中国服装文化有了高度的发展，产生了强大的传承性。

西方服装审美文化是建立在地中海文明基础上的，跨越了亚、欧、非三大陆，相继混合了不同地域、不同时期的多种文明。伴随着不同种族在亚、欧、非三大陆的不断迁移，文化不断交流碰撞直至融合，最终形成了西方的服装文化。由于不断的文化融合，西方服装文化表现出强烈的复杂性与包容性，相对于中国服装文化来说，西方服装文化更加多样化。

（一）中西服装审美文化的差异

伴随着人类社会的出现，人们产生了对美的主观反映，而随着美学和美感的不断发展，出现了作为审美意识表现形式的服装艺术。

审美理想是特定的民族在特定的历史阶段所形成的审美追求的集中体现，是一定的社会物质文明生活及意识形态在审美领域的最高结晶。由于存在于不同的地理环境、文化背景，中西方在文化传统、意识形态和社会观念等方面产生了差异，尤其是因为受到不同时代历史传统和各自独有的美学文化观念的影响，以中华文化为中心的东方审美观念和以宗教文化为中心的西方审美观念出现了明显的差异性，即产生了美感的地域差异性与民族差异性。

世界各地的服装审美文化密切联系着各个地区的传统文化。中西方地域文化起源的不同，决定了二者服装文化的不同。

黄河文明中蕴含着农业文明，自古中国人的性格就如同大地一般宽广和温和，因此形成了以含蓄、包容为特征的中华文化。中国服装文化如同中华文化一样，在一个相对固定的地理环境中发展繁荣起来，具有单一而鲜明的特色。

西方服装文化的起源来自广阔的地理环境中不同文明的相互交错和影响。西方服装文化是伴随着民族的大迁移，在不断融合、不断积累、不断扬弃的过程中形成的，具有活跃、积极的特色。西方构筑了一种与东方美学截然不同的审美文化体系。在服装审美方面，西方人特别崇尚人体美，重视表现人体差异，常常将服装作为人体艺术的重要组成部分来看待，这与东方儒家文化截然不同。毕达哥拉斯运用数学方程来求解人体比例，研究出人体的黄金分割比例，这显露出西方形体写实风格与东方意境写意风格的差别。另外，西方服饰以立体剪裁为基础，大多表现出三维效果，强调立体感和合体感，追求身体与服装最大程度的契合，追求装扮风格与整体造型的适应，同时用各种立体饰物如花结、荷边、丝带、切口等来装饰服装，所用布料上的花纹、图案虽然简单，甚至许多服装制作材料是单色的，风格却自然协调，易于激起观赏者审美的愉悦感。

（二）中西方服装审美意识的差异

审美意识是一个人在自己的审美活动中，呈现出的对不同审美对象审美能力的反映，包括审美感知、审美趣味、审美理想、审美标准等不同方面，即通常所说的美感，是审美主体对客体现实美的主观感受。服装审美意识，是人们在审美活动中通过服装所感受的，以思维意识形态表现的美感。

中西方长久的地理环境差异带来了双方服装审美意识方面的差异。

1. 表现在遵循协调美、自然形式法则美的不同发展主线上

自古以来，中国服装就以协调美为中心。历朝历代统治阶级对人们的衣着行为都有严格的规范，不论地位高低、身份贵贱都需要按照相应的服装规范穿着打扮。比如，宋代条文规定不同品级的官员穿不同颜色的朝服，内衬以白花罗中单，腰部用罗带束扎，又加上绯罗蔽膝用丝带束紧，佩挂以玉佩等。穿着者在穿戴上要与规范一致。由此可见，中国的传统服装注重的是协调之美，注重伦理，在某种程度上淡化了个性。

西方服饰则始终将自然美作为发展的主流，内容较为丰富，款式造型也较有新意。直到今天，在西方举办的大型展览会上，展出的作品无不折射着比例、对称、节奏、韵律等形式美的光芒。由此

可见，西方服饰对形式美确是情有独钟的。

2. 表现在对精神美、人体美追求的不同侧重点上

中国服装追求的是人的精神、气质、内涵、神韵等内在美感。为了追求这种比形态美更高层次的美，常运用夸张的大袖、宽襟、长条衣带等，形成飘逸的感觉，超越形的存在，追求典型的理想主义境界。此外，还运用服装的色彩、图形、花纹等元素来表达强烈的精神美感。比如，龙袍下端排列着许多线条，名为水脚，水脚之上还画有许多波涛翻滚的浪花，浪花之上又有山川，它除了表示绵延不断的吉祥含义外，还隐喻着“一统山河”的精神寓意。

西方服饰在其发展历程中，有突出表现人体美的风格倾向。早在古希腊时期，那些雕塑作品等就表现出比例匀称、肌肉发达的人体美感。随后，不同历史时期的宫廷贵妇，其服装都是“内塑形体，外露肌肤”，不同时期的审美风格不同，强调的人体部位也不同。发展至近代，表现人体美的意识越来越强烈。1946 年，比基尼诞生；20 世纪 60 年代，英国设计师玛丽·奎恩特推出了“迷你裙”；20 世纪 90 年代，意大利设计师范思哲利用“透”和“露”的款式来表现女性身体美，引领着时装界在全球的发展潮流。

中西方审美对精神美、人体美认识的差异，从中西方美术作品中也能看出来。西方绘画对人体的表现都是写实主义，作品中对与人体有关的内容大多如实地刻画。但东方传统美学却“不屑于”如实刻画人体，认为细致、如实地反映人体的细节是缺乏想象力的行

为。无论是在绘画上还是在雕塑中，尤其是在细节方面，东方美学都讲究含蓄和朦胧，从而艺术作品中的人物都是写意化的，笼统地勾勒出人体的大致形状，不对细节进行雕琢描述。

这一点正巧反映在了东西方服装设计上。自文艺复兴时起，西方服装设计的特点就表现为贴身、合体，恰到好处地表现人体形态外观，不仅仅有紧身衣这种高度写实地表现人体轮廓的服装类型，甚至有利用夸张手法表现人体的服装，比如，中世纪的欧洲强调女性的衣服要“束腰”，用紧身上衣及搭扣将女性的腰紧紧束住，与此同时垫高胸部，从而夸张地表现女性的曲线美感。东方传统服饰则一直以来是“宽衣”风格，衣服用料很多、很足，长衣宽袖长裙，遮盖住人的形体轮廓。

3. 表现在含蓄、意味深长和明朗率直、夸张求异的不同表现手法上

中国人具有独特的审美表现手法，含蓄深沉，追求意境和内涵。表现在服装设计上，就是采用意象式的服装结构，衣身一般为前后两叶，衣服适体又不完全合体，含蓄、朦胧地显现出婉约。男子宽适、畅达的服装款式，则表现出胸怀坦荡、浩然正气、潇洒脱俗的特点，如松如竹。女子则以造型顺畅、袖口精巧、弧形摆线、精湛的工艺和自然的褶皱表现出端庄、美丽的神韵，寓意纯洁、秀美、自然，如梅如兰。

在西方，对美的事物表现得往往明朗率直、较为夸张，赋予形

象具体、生动的风格，令人一目了然。从古希腊多利安式希顿发展到如今的露肚脐、露背的服装等，都对女性丰腴的胸、优雅柔美的颈、圆润的臂等不再加过多的遮蔽，直白地表达追求人体美的欲望。西方这种对美的直率表达与中国的含蓄表达是截然不同的。

“大约中西服装哲学上不同之点，在于西装意在表现人身形体，而中装意在遮盖它”，这句话深入地说出了中西方审美文化的差异。

三、中西方服装审美文化的相同点

尽管中国人和西方人在各自的地域环境中创造了不同的文化形态，形成了不同的世界观、价值观和审美观，创造了不同的服饰文化，但是，作为共同居住在地球上的人类，中西方人们面临着许多相同或相似的生存问题，其社会形态和文化形态具有同样或类似的阶段性，在服饰文化方面也有许多相同或相似的地方，这在服饰变迁的规律上被总结为“无缘类同的规律”。

（一）服装的社会功能

服装是人对自己身体进行包装、修饰的一种工具。人们对自身的装饰有两种方式：直接在肉体上进行装饰加工的“裸态装身”和用其他材料对肉体进行装扮的“覆盖装身”。前者又包括人体彩绘、文身；后者则指各种衣物对人的修饰。这种行为是人类在自身进化的过程中，为了扮演一定的社会角色而创造的。因此，服装除了具有生理防护功能，还具有很强的社会功能。

人们通过服饰向社会传达各种信息，如穿衣者的社会地位、阶层、富有程度、文化水平、审美趣味等。用服饰来区分不同社会阶层，规范不同社会阶层内部的社会分工和责任，在这一点上，中国和西方是一样的。

很久以来，中国人就以服装来“明贵贱，辨等列”，用森严的服饰制度来规范各个阶层人们的社会行为和权限，“见其服而知贵贱，望其章而知其势”，充分发挥服装的标识作用。

西方人也同样十分重视服装的这种社会功能，在进入封建社会之后，虽然西方的封建阶级还没有形成中国经过几千年朝代更替才建立起来的那样完整的章服制度和区分级别的“制服”，但是贵族阶级的平日穿戴与一般的平民百姓还是有十分鲜明的区别的。

（二）服装的装饰审美功能

服装的装饰功能是人类穿衣行为的原因之一。这种美化自身的原动力又涉及人类两性相悦、相互吸引的本能，这是人类最原始却又最永恒的生理、心理方面的社会需求。

“人为悦己者容”，也就是说，人类会为了取悦自己喜欢的异性而美化自身，无论是中国人还是西方人，都会有此心态。无论是在中国还是在西方各国，服装的装饰功能已越来越受到人们的重视，成为推动服装改进创新的一项巨大动力。这种美化的标准会受到文化、时代、地域环境、生活习惯的影响。

第二节　中国传统文化元素在服装设计中的应用

中国的传统文化是一个庞大的体系，在当前全球一体化趋势加强、国际交流与合作日益密切的背景下，我国的文化吸引着各国人们的眼球。在服装设计领域，采用中国传统文化元素，创造出代表中国的时尚服装，是时代所需。中国的传统文化底蕴深厚，那么，在服装设计中该如何融合我国传统文化呢？

一、中国传统文化元素的概念

华夏文明，古韵悠远，中国传统文化元素是伴随着中华民族漫长的历史而产生的。不同的时代有着自身独特的文化内涵和形式元素，它涉及中国的建筑、服饰、传统绘画、民间美术等诸多方面，是祖先留给子孙后辈的宝贵文化遗产。我国历史上朝代的变更和文化中心的迁移，使不同历史时期的民族、地域形成了不同的具有代表性的中国传统文化元素。这些元素包括丝绸、锦缎、麻、蓝印花面布等面料；立领、斜襟、对襟、开叉等款型；大红、大绿、明黄、蓝等色彩艳丽的民族色彩；新石器彩陶图案、商周青铜器图案、秦汉漆器图案等。这些都是中国传统文化的精髓，延伸到现代生活中来，起到传承文化的作用，是中华民族独有和外在的特质。

二、中国传统文化元素与服装设计的融合

优秀的服装设计作品注重传统文化与时尚的巧妙结合。作为艺术文化的精髓，中国传统文化元素在现代服装设计中扮演着十分重要的角色。如何把传统文化的丰富内涵巧妙地融合到服装设计中，用现代的观念体现中国传统文化的时代精神，这需要我们认识传统文化元素并对之进行融合。

在历史的发展中，任何民族的文化都会与其他民族文化发生碰撞与融合，而面料、色彩、款式是每个民族的服装制作中必不可少的构成元素，不同年龄段、不同身份地位、不同消费水平的人对其有着不同的制作和穿着要求。从服装设计来讲，中国传统文化元素都是通过这三方面体现出来的。中国的服装设计师设计中国风格的服装，就是要在世界服装流行大趋势中，在面料、色彩、款式中融合中国传统文化，创造出具有中国特色的服装。

传统文化融入服装设计，表现形式多种多样。例如，可以从手工工艺、纹样、配饰、文化理念等方面入手。

（一）传统手工工艺在服装设计中的应用

我国的传统手工工艺主要是绣、织、绘、镶、嵌等，通过这些手工工艺的表现手法来构造服饰的整体风格，不但能创造出别具一格的服饰韵味和服饰内涵，而且可以为现代服装的设计提供源源不

断的灵感，使古今元素结合，创造出更具中国特色的服饰。例如，最具中国文化气息的传统面料丝绸，用其制作的传统服饰上刺绣上各种神话图案、精致的花纹等，可以更加突出中国特色，这类服饰常常令外国人叹为观止。亚历山大·麦昆这位卓越的设计大师，他的设计理念中就常常融入中国元素，例如，将刺绣融合到西方服装设计中。这足以表明，中国的传统手工工艺正在被世界各国所接受，甚至被借用，融入作品设计，创造出更具特色的时尚潮流。所以，传统手工工艺在现代服饰的设计应用中起到了至关重要的作用。

（二）传统纹样在服装设计中的应用

中国的历史有丰厚的文化底蕴，经过千百年的沉淀，形成了各种具有中国特色的纹样。这些纹样饱含着深刻的韵味，凝聚着独具的内涵。传说、典故、戏曲、民风习俗、标志性的动植物、图腾、符号等，组成了中华民族的传统纹样。这些纹样或表现人文精神，或呈现审美情趣，千姿百态，变化多端。传统纹样在现代服装设计中的应用，最能体现这一设计理念的当属旗袍。现代旗袍上的纹样，经过百年发展，各式各样，不仅具有古典的韵味，同时还带有现代的格调，既能体现中华民族贤淑、婉约、含蓄、刚毅的民族性格，还顺应了当今国际时装界畅快、洒脱的设计理念。

三、中国传统文化元素在服装设计中的应用

作为艺术文化的精华，中国传统文化元素在服装设计中扮演着

十分独特的角色，是表达个性美的重要手段。在诸多中国传统文化元素中，最能体现中国特色的当属传统面料、传统色彩、传统工艺，例如，天然的面料是构成中国传统文化元素服装设计的物质基础。

（一）传统面料在服装设计中的应用

面料是服装设计的物质基础，所以它直接决定着服装的设计风格和式样。随着纺织技术的迅速发展，千姿百态的新型面料给现代服装设计带来了无限的想象空间，但是，传统面料的独特风格，仍然使其有着无法替代的魅力。丝绸、麻等有着浓郁中国特色的面料，不仅在现代服装设计的舞台上扮演着重要的角色，更为现代服装设计增添了深厚的文化底蕴和独特的民族风情。

丝绸具有柔软、细腻、飘逸、华丽的特点，所以用丝绸制作女装最能体现女性曲线的柔美。丝绸具有很强的表现力，所以它深受中国设计师的喜爱，也是国外设计师常用的面料。近年来，很多国际服装设计大师纷纷选用丝绸面料来设计服装，他们设计的服装在世界服装舞台上独领风骚，这使丝绸的魅力在国际上大放异彩，让更多的人认识到了丝绸的美。

麻和棉是我国的传统面料，具有透气、吸湿等特征，广泛运用于服装设计，用这类面料设计的服装因具有浓郁的民俗特点而充满独特的个性。一些设计师，以朴素的棉、麻为主要设计材料，创造了一批既充满时尚又独具民族特色的时尚品牌。

面料是服装设计的物质基础，直接决定着服装的风格，只有充分了解面料的特质，才能充分掌握服装设计风格。

（二）传统色彩在服装设计中的应用

色彩往往首先进入人们的视野中，它常以不同的形式影响人们的情感。不同的色彩传达着不同的感情，如红色代表着热情、勇敢、华美、热烈，绿色代表着优越、健康，黄色代表着富贵、荣耀，蓝色象征着宁静、理智等。所以不同色彩的衣服会给人不同的感觉。

（三）传统图案在服装设计中的应用

传统图案是中国最古老的艺术表现形式之一。

考古发现，中国传统图案的源头至少可以上溯到新石器时代，也正是因为有着悠久的历史，中国传统图案才得以深入发展。我国最具有代表性的服饰图案有团花纹、缠枝纹、龙凤纹等，其中，龙凤纹在中国封建社会是皇家的专用图案，带有强烈的图腾痕迹。在现代服装设计中，这些传统图案经过改良，被广泛运用于各类体现中国特色的服装设计中，设计师通过刺绣、印染、手绘、贴绣、编织等不同的工艺手法，把这些图案装饰在各种服饰及配件上。

近年来，国际服装界刮起了强劲的中国风，很多世界顶级服装设计师运用中国元素进行设计，中国的传统图案成了设计的精华元素，中国传统图案的魅力也被发挥到了极致。

（四）传统工艺在服装设计中的应用

服装工艺是手工艺与机械工艺的结合。很多现代服装设计都用到传统工艺，这说明我国传统工艺技艺精湛，有着独特的审美内涵。在现代服装设计中，传统工艺占有重要的地位，是中国元素服装设计的品质勋章。

在服装工艺化发展的今天，将传统工艺与现代设计结合，尤为重要。机械所生产的服装工艺毕竟还是有些刻板，缺少了设计的灵魂，在越来越强调个性设计的今天，传统工艺越来越被服装设计师所关注。传统工艺的创新推动了现代服装设计的发展，让现代服装设计更具有活力，然而，要想进行传统工艺的创新，并不是一件简单的事情，只有充分了解、掌握传统工艺才有可能在此基础上创新。

四、中国传统文化在服装设计中的价值

服装设计中融入传统文化，不仅要对中国的文化内涵进行潜在价值的挖掘，掌握文化的表现形式、传统特色，更重要的是要了解生活，了解当今消费者的思想和对美的审视态度，这样才能集合文化特色和消费者的心理进行创意构造，将传统文化的精神与情感体现在服装设计中，进而更好地把握市场需求，实现中国传统文化与服装设计的有效对接。

对不同体系的艺术形态进行有效的组合，实现东西方传统文化

元素的整合，有助于我国在国际风尚的服装领域缔造优势。

人文价值，主要体现的是尊重人性。在服装设计中，设计者常常融入传统文化元素如龙、凤的图形，这样的设计理念主要是抓住了人们传承传统文化的思想意识，考虑到了中国人受传统文化熏陶所形成的一种追求美好、吉祥事物的审美心理。传统的艺术元素，在设计领域是一种语言，可以传达设计者设计服装时所要表达的寓意，消费者通过这些元素可以对设计者设计服装时所要传达的信息心领神会，由此达到服装设计的目的。例如，在现代旗袍设计中，设计者多采用吉祥喜庆的纹样，结合时尚元素，这样设计使穿着者不会显得太另类，反而更能体现中国的古典韵味。中国传统文化元素在服装设计中的应用，日益为世人所喜爱，逐渐成为中华民族精神和文化的标志，也为设计者提供了创意的源泉，使我国服装业得到了长远的发展。

服装设计中融入传统文化，可以实现传统文化与市场经济双赢的效果。对于中国而言，人们崇尚的是和平、吉祥、喜庆、道德。例如，梅、兰、竹、菊的设计，体现品行；龙凤呈祥的纹样，体现中华民族的气质等。服装设计者抓住人们的心理，使所设计的服装为大众所接受，引起人们的广泛关注，提高人们的审美意识，使服装更有效地融入市场，有利于创造更大的社会价值。

第三节　服装廓形与款式设计

服装廓形与款式设计是服装造型设计的两个重要组成部分。服装廓形是指服装的外部造型线，也称轮廓线。服装款式设计是服装的内部结构设计，具体包括服装的领、袖、肩、门襟等细节部位的造型设计。服装廓形是服装造型设计的本源。服装具有直观的形象，如剪影般的外部轮廓特征会率先进入人们的视线，给人们留下深刻的印象。总之，服装廓形的变化影响着服装的款式设计，而服装的款式设计又丰富、支撑着服装廓形的变化。

一、服装廓形是服装造型设计的本源

服装廓形是区别和描述服装的一个重要特征，不同的服装廓形体现着不同的服装造型风格。纵观中外服装发展史，服装的发展就是以服装廓形的特征变化来描述的。服装廓形的变化是服装演变的最明显特征。服装廓形以简洁、直观、明确的形象特征反映着服装造型的特点，服装廓形变化是流行时尚的缩影，蕴含着丰富的社会内容，直接反映着不同历史时期的服装风貌。服装款式的流行与预测是从服装廓形变化开始的，服装设计师往往从服装廓形的更迭变化中分析服装发展演变的规律，从而更好地预测和把握服装流行趋势。

服装廓形虽然在不同的历史时期、社会文化背景下呈现出多种形态，但探寻其内在规律，仍有迹可循。

人体是服装的主体，服装造型变化是以人体为基准的，服装廓形的变化离不开人体支撑服装的几个关键部位：肩、腰、臀及服装的摆部。服装廓形的变化主要是对这几个部位进行强调或掩盖，因其强调或掩盖程度的不同，便形成了各种不同的服装廓形。

服装廓形按其形态不同，通常有几种命名方法：按字母命名，如H形、A形、X形、O形、T形等；按几何造型命名，如椭圆形、长方形、三角形、梯形等；按具体的象形事物命名，如郁金香形、喇叭形、酒瓶形等；按某些常见的专业术语命名，如公主线形、细长形、宽松形等。随设计师灵感与创意的千变万化，服装廓形就以千姿百态的形式出现。每一种服装廓形都有各自的造型特征和性格倾向。此外，服装廓形可以由一种或多种廓形构成。如今的女装设计就是多种廓形的结合。

二、服装款式设计丰富、支撑着服装廓形

从理论上说，服装款式设计有无数种可能。服装款式设计既可以增强服装的机能性，也能使服装更符合形式美原理。服装款式设计可以反映设计师设计能力的高低，以及对流行元素的把控力。相对于较稳定的服装廓形，服装款式设计给了设计师较大的自由发挥空间，设计师可以在细节设计上寻找亮点，从而使作品独具匠心。

服装款式设计风格与服装廓形风格应一致或相呼应。在服装的整体风格中，款式个性特征的存在是必要的。没有特点的局部设计将会失去表现作用，从而使整体风格因缺乏内容而毫无表现力。而与整体风格背道而驰的个性特征，又会致使服装显得不伦不类，同样会导致设计作品的失败。

服装款式设计风格与服装廓形风格一定要一致或相呼应，这样才能形成一个完美的作品。下面以典型的 H 形廓形和 X 形廓形为例进行说明。

H 形廓形也称长方形廓形，特点是较强调肩部造型，自上而下不收紧腰部，筒形下摆，使人有修长、简约之感，具有严谨、庄重的风格特征，常用于运动装、休闲装、居家服等设计。

X 形廓形的造型特点是稍宽的肩部、紧收的腰部、自然放开的下摆，具有柔和、优雅的风格特征，其在婚礼服、晚礼服、鸡尾酒礼服等中表现得最为充分。

依据 H 形廓形的风格特征，其内部的造型设计往往偏重于直线，或垂直或水平，内外风格一致，内部结构为外部造型的细化与内展，内外相互呼应，把 H 形廓形简约、庄重的中性化风格特征表达得准确到位。与 H 形廓形风格特征相反的 X 形廓形，其内部造型设计往往偏重于曲线，具体到波浪状裙摆、夸张的荷叶边、轻松活泼的泡泡袖等局部细节，充分体现了服装的优雅与浪漫。在 X 形廓形的服装中应避免运用直线形的结构，因为直线形结构往往会减弱或破坏整体造型的柔美感。

款式设计的局部细节之间应相互关联、主次分明。服装的局部设计不是独立存在的。没有特点的局部设计会使服装整体风格缺乏内容，但如果每个局部都有各自不同的风格特点，又会使整个服装视点繁多，使人眼花缭乱，进而使整个服装杂乱而无特色。服装款式设计，既要分析、处理好每个局部的相互协调、统一关系，又要做到有主有次、有重有轻。要想使设计作品有丰富的细节内容，不必运用很多局部变化，关键是要使局部变化有效地表达出作品的丰富内涵。局部设计不需要面面俱到，往往一处精致的点睛之笔，就会使整体服装焕然增色。

款式设计中的局部细节所处的位置是影响整体设计的因素之一，廓形完全相同的两件服装会因局部细节所处位置的不同而产生完全不同的效果，或新颖巧妙，或保守中庸，或怪诞离奇。位置的变化可包括高低、前后、左右、正斜、里外等。打破常规的位置摆放往往会产生意想不到的效果。在服装款式的细节设计中，哪怕是一条分割线的位置，一个省道、一个褶裥的位置，都需要设计师仔细、反复地推敲思考才能定位。

三、现今女装设计中廓形与款式的个性特征

我们在欣赏和分析今天的设计大师的作品时，不能简单地定义这些设计作品为何种廓形，因为他们的作品往往是多种不同廓形的

组合。同时，不可否认的是，服装设计发展到今天，单一的廓形设计已无法满足流行需求，多种廓形同时并存，才能更好地演绎今天的流行与时尚。究其原因，是当今的设计理念注重多种流行元素和灵感元素，注重崇尚自我的个性化特征。

此外，当今女装设计更重视服装细节的表现，格外强调款式结构创意，这在一定程度上弱化了外部轮廓造型。例如，内部结构中分割线的增多，花边、蕾丝的大量运用，面料的各种褶皱处理，以及立体剪裁方法在结构设计中的充分运用等，都成为当今主要的服饰风格。

再有，一些服装设计师以逆向思维方式，打破了服装廓形与服装款式应协调统一这一常规，刻意强调细节与廓形或细节与细节的冲突，追求对比感，注重突出某个局部结构设计，故意表现出不协调感，寻求新奇刺激的效果，以满足和体现当今人们的自我心态和个性化要求。这种逆向思维方式，在某种程度上影响着一些新潮时装的设计。

深入了解和分析服装廓形与服装款式设计的相互关系，以及它们的发展变化规律，借助服装廓形与款式设计的巧妙结合来表现服装的丰富内涵和风格特征，是服装设计师自我修养与设计能力的综合体现。

第三章　服装与人的关系

第一节　服装语言与人际交往

服饰语言是在交际场合通过服装和饰品传递出来的信息。人的服饰语言同人的行为举止一样，有着丰富的信息传播功能。在社交场合，你尚未开口介绍自己，你的容貌、发型、衣着等就已经显示出了你的身份、气质等。如今人们常以穿一套“合适”的服装来代表自己。服饰在现代社会中已成为有着特殊意义的交际语。服饰语言在人际交往中有着重要的意义。

一、衣着在人际交往中的意义

衣着在交际场合能有效传递信息。服饰能显示出人的职业、爱好、社会等级、性情气质、文化修养、信仰观念、生活习惯及民族地域的风俗特征等，如各种职业的人其服饰有各自的特点。一个人的穿衣风格能够显示出他的兴趣爱好，例如，喜欢运动的人在普通场合常着运动装，喜欢某种动物的人在服装上一般也有所体现。

不同的文化背景下同一服装往往代表着截然不同的信息。例如，白色连衣裙在西方代表高雅、纯洁，而在中国则被列为素服，至今，在我国边远的中小城市、农村等地，在婚礼上客人仍不允许穿白色衣服，否则会令主人不高兴。

在古代，不同身份的人穿什么衣服、使用什么颜色都有明文规定，反映出了人与人不同的身份地位，体现出封建社会的等级制度。改革开放后，我国大规模“引进来”，各种思想交汇，服装的颜色和款式开始多样化。如今人们有选择性地装扮自己，注意自己的形象，充分展现自己的个性。这些都体现了服饰所表现出的个人情趣与爱好，甚至是社会经济的发展状况。

服饰还是一种文化价值的体现。在公关活动中，服饰显现了人对自我的塑造，从美学观念上看，这是一种文化美，特别是在涉外交往中，这更是一个民族生活方式和精神面貌的折射。

二、服饰语言在人际交往中的运用

服饰语言在我国古代已经有所运用，例如，《红楼梦》对王熙凤出场时穿着的描写显示了王熙凤的生活奢华、盛气凌人，以及在府中举足轻重的特殊身份地位。由此可以看出，在我国古代人们就已经运用服饰语言来向别人传递他们的身份地位和性格特点等信息。

服饰语言在现代社会中更是被频繁运用。在社会交际中，两个陌生人初次见面时往往会因彼此的共同点而相互靠近。而相同的衣着或饰品，更会让两人觉得投缘，从而可能聊得更投机。例如，一名专业的销售人员必须根据本行业的特点选择合适的衣着。在选择服饰时，销售人员应该注意一点，那就是不论哪种服饰，都必须是整洁、明快的，而且服饰的搭配必须和谐，千万不能为了追求新奇而把自己打扮得不伦不类。良好的服饰搭配有利于给顾客留下一个良好的形象，从而有利于销售的顺利进行。

总之，服饰语言在现代社会中运用得越来越频繁，我们应理解各种服饰语言所带来的信息，更好地利用服饰语言，发挥它在交际场合的作用。

第二节　服装的舒适性

随着人类探索地理空间范围的不断扩大，人们接触的气候条件更为复杂，这就需要正确地认识服装材料的舒适性。此外，随着经济的发展和人们生活水平的提高，人们对服装舒适感的追求日趋强烈，如在工作中需要穿着舒适的工作服，休闲、运动中更要穿着舒适的服装。所以，知晓各种因素对服装面料的影响并将其运用到服装设计中，可有效满足人们对服装舒适性的要求。

服装是人的“第二皮肤”，服装是否舒适对人的健康有着很大的影响，服装舒适性以服装、环境为系统，以人体为中心。服装的舒适性可分为生理上的舒适性和心理上的舒适性。生理上的舒适性包括吸湿性、透气性、保暖性、柔软性、伸缩性、重量和化学性能等，它们大多是由制作服装的材料性能所决定的；心理上的舒适性包括色彩、光泽、款式、抗皱性、挺括性、抗起毛起球性、与环境的适应性等，其中，很多性能是由服装材料的性能所决定的。

一、舒适性的含义

人与环境之间是相互协调的，舒适性指人在生理、物理或心理方面达到的一种愉悦状态。也可以从不舒适的感觉来对舒适进行描述，即舒适是无痛、无不舒适感觉的一种中性状态。

二、影响服装材料生理上舒适性的因素及分析

（一）吸湿性

吸湿性是指纺织材料在空气中吸收或放出气态水的能力，具体来说，就是指服装材料及时吸收人体皮肤表面排出的汗液，并通过纤维传到织物的另一面，释放到空气中的能力。尤其是在闷热的夏季和剧烈运动时，这种性能越好，即吸湿性越好，人体皮肤越干燥，人就不会有闷热感。

服装热湿舒适性是指在热湿环境条件下，显著影响人体舒适的服装的综合散热、散湿性能。人体散热的途径主要有传导散热、对流散热、辐射散热和蒸发散热，但在热环境或运动条件下，人体主

要是靠蒸发散热来维持热平衡的。人体蒸发散热时，必然引起服装与皮肤间微气候区的湿度上升，致使人体产生不舒适感。服装作为人体与环境间的防护层，它应能使热量快速散发又不引起衣内微气候湿度的过度增加，因此，在热湿条件下，服装的综合散热、吸湿性能对人体热平衡起着重要作用。

服装材料吸湿性的强弱主要取决于纤维的性质，与各种纤维的回潮率直接相关，还取决于构成服装材料的纱线的结构、面料的组织和后整理等方面。服装材料中，天然纤维材料的吸湿性比化学纤维材料好，化学纤维材料中，人造纤维材料比合成纤维材料的吸湿性好。这是因为天然纤维中有的有较多的亲水基因，有的有空腔或毛细管，所以它们的吸湿性、透湿性大多较好；纱线较蓬松，材料越薄越稀疏、透孔的材料，缝隙较大，有利于汗液的吸收和挥发，宜做夏季服装。由于化学纤维的吸湿性普遍较差，为提高化学纤维的吸湿性，通常是将化学纤维和天然纤维进行混纺，或是以包芯纱的形式出现（如以涤纶为芯纱，棉为包层纱，组成涤棉包芯纱），或是以双层织物形式出现（如涤盖棉，内层为棉、外层为涤），近些年来有些国家又开发出了高吸湿性的纤维织物，如超细纤维、改性纤维、异形纤维等，这些纤维的出现，在一定程度上增加了织物的吸湿性，从而提高了服装材料的舒适性。

（二）保暖性

服装材料的保暖性是指材料阻止空气通过的能力，也就是阻止材料两面空气热交换的能力。服装材料在一定时候要有适当的保暖性，如冬季（也包括严寒的地区）的服装要有较强的保暖性，以防止人体被冻伤。夏季的服装则要求透热性较好，春、秋两季要求保暖性适宜，使人感觉既不太冷又不很热。

服装材料的保暖性取决于纤维、纱线的结构，面料的厚度、疏密，以及服装结构（如开口处）等，也就是取决于它们所含静止（不能流动的）空气的多少。例如，棉纤维有中腔，其中含有较多的静止空气；羊毛纤维外面有较多的鳞片层，在鳞片层和皮质层之间含有较多的静止空气；纱线捻度小，织物越蓬松、厚实，所含的静止空气也越多，保暖性越好。腈纶纤维卷曲较多且非常蓬松，在织物中也就含有较多的静止空气，因此它的保暖性较好，甚至略高于羊毛。现在的起绒织物，以及近年来开发出来的多孔棉，都是通过增加含气性来提高保暖性的。蓬松的织物和多孔的纤维织物有利于纱线、纤维和织物间静止空气的保留，保暖性较好。但过于稀疏的织物虽含有较多的空气，但空气的流动性增强，透气性较好，并不利于保暖，适合作夏、春、秋季服装。

（三）透气性

透气性是指气体透过织物的能力。服装材料要有一定的透气性，因为人体皮肤会排出气体，每天都有皮屑脱落、汗液排出，从卫生学的角度来说，服装材料要有一定的透气性，这样有利于面料内外气体的交换，以及人体皮肤的新陈代谢。

当然，冬季的服装材料相对来说透气性要小，以利于服装的保暖，夏季的服装材料透气性则越强越好，以利于人体热量散发，让人感觉凉爽舒适，但还要有适度的保暖性。

现在，有的商家在保暖内衣中加入了不透气的塑料布，以达到阻止空气流动、提高保暖性的目的，这是不对的，因为这样在隔绝空气、提高保暖性的同时阻碍了人体废气向外排放，从人体卫生学的角度来说对人体健康的危害是比较大的。

（四）柔软度

柔软度是指服装面料的柔软程度，主要指人体皮肤等的触觉舒适性。面料越柔软、越光滑，人体感觉越舒适。尤其是内衣、睡衣及其他紧贴肌肤的服装，柔软度是非常重要的。织物的柔软度与纤维品种、纱线的捻度、织物的组织和后整理等都有关系。棉纤维和丝纤维柔软，织成的织物也较柔软。纱线的捻度越小，织物的组织越疏松，织物也就越柔软。经过起毛（绒）整理和柔软整理的织物都较柔软，这样的织物加工成服装，舒适性也较好。

此外，材料的光滑性，也是影响皮肤触感的因素，纤维刚性强，纱线捻度过大等，都会致使服装材料表面粗糙，容易造成皮肤刺痒感，舒适性降低，而表面光滑的材料，则使人感觉较舒适。

（五）伸缩性

织物受外力作用后被拉伸，去除外力后能够恢复到原状态的能力，被称为伸缩性。用于制作服装的织物，应该具有一定的伸缩性，这样有利于人们的基本活动。过紧的、缺乏弹性的服装，会限制人体的活动，甚至影响人的正常呼吸，长时间穿着这样的服装，还会致使人体骨骼发生变形，对未发育成熟的青少年来说危害很大。对运动服装来说，人体各部位因运动的剧烈程度、活动范围不同，对服装各部位的伸缩要求也不一样，总之，服装材料的弹性应能够满足具体运动项目的要求。

现在大多数的针织物和有弹性的机织物都能满足较好的伸缩性要求。在机织物中加入氨纶，可使服装具有最佳的人体舒适弹性，氨纶弹力织物一般具有15%～45%的弹力，体操运动员、芭蕾舞演员穿的服装弹力还会更大一些。氨纶弹力织物已经广泛用于各类服装。氨纶在织物中大多是以包芯纱的形式出现的，利用特殊方式制成的化纤高弹织物具有较好的伸缩性。

（六）重量

服装面料的重量对人体舒适来说也是比较重要的影响因素。服装面料重量越大，对人体的压迫感就越强，人体感觉就越不舒适。随着新型面料的不断出现，在提高保暖性的同时，服装面料的重量也在大大降低，这使人体着装更为轻便和舒适，使人们在从事各种生产生活时更为方便、灵活和自由。现代服装发展的趋势是轻、薄、软、挺，可见轻是很重要的。服装面料要在保证轻便的前提下，保证其他性能的稳定，如吸湿性、保暖性、透气性等。当然，面料过轻可能致使面料的悬垂感下降、挺括感减弱，实际中选择服装面料时要注意这一点。

（七）化学性能

天然纤维对人体的危害很小，而化学纤维对人体的影响相对较大。不同的纤维纺成纱线，再织成织物，还需经一定的处理才能到消费者手中，或加工成各种服装后再到消费者手中，这一系列处理，如染色、印花、后整理等，要加入和使用一定的化学物质，而有些化学物质是对人体有一定危害的。因此，应尽量选择天然纤维材料和绿色产品（如彩棉，不需要染色就是有色的棉花，从而避免了与化学染料的接触），尽量选择不含或较少含有化学物质、较少经过化学整理的材料。这是因为人体排泄出的汗液一定条件下会和染料发生作用，进而对人体皮肤产生一定的影响，一方面致使服装的舒适性降低，另一方面长此以往可能不利于人体健康。

除上述性能外，随着现代科学技术水平的提高，新型材料层出不穷，例如，具有卫生保健功能的天然纤维材料——罗布麻纤维材料，都具有一定的抑菌性，能切实提高服装对人体的舒适性。还有抗静电的材料，不易产生静电的天然纤维织物，使人感觉舒适。易产生静电的化学纤维织物，则易使人感觉不适。但是，一些特殊用途的材料，如氯纶纤维织物，虽然易产生和保持静电，但用其做内衣、护膝，反而因易摩擦产生静电，保暖性较好，对老年人和关节病患者更友好。

当然，影响服装面料舒适性的因素不止这几个方面。通过对各因素进行分析，人们知晓了各种因素对服装面料的影响并将其运用到服装设计上，既有利于满足人们对服装舒适性的要求，也有利于保障人们身心愉快和健康。毋庸置疑，我们生活在一个和谐而人性化的社会，诸如对服装面料舒适性的研究还会有很多，研究水平的不断提高，必然给人们带来更多的选择。

三、不同服装的舒适性

服装已有数万年的历史，最初只是遮体御寒、适应环境的用品。随着人们生活水平的提高，人们穿衣不仅注重服装的款式和色彩，也注重服装材料的服用性能。

服用性能是服装材料在穿着和使用过程中，为满足人体穿着所需而具备的性能，如舒适性、保形性、洗涤性、色牢度、耐晒坚牢度等。人们在选择衣料时，大多希望服用性能良好，能满足穿着要求。随着时代的进步，人们对穿着的要求越来越高，服装的舒适性能成为人们不能忽视的一个重要方面。

（一）不同种类的服装材料舒适性不同

比如，天然纤维和人造纤维的吸湿性、透气性和透水性较好；橡胶、塑料等制品则不具有透气性，经砂洗、磨毛等整理后透气性会增大；羊毛羊绒和起绒织物的保暖性较好；天然纤维手感柔软，抗静电性好，穿着舒适，化学纤维则静电性大、不够舒适等。

（二）不同的服装对材料舒适性的要求不一样

内衣是贴近肌肤的服装，它要求服装材料柔软，吸湿性和透气性好，对皮肤无刺激，棉纤维符合这些要求，一般中低档内衣可选择棉纤维织物。但是，棉纤维织物的吸湿性能有限，当织物内水分饱和时就难以使皮肤表面的汗水蒸发，从而衣服会贴在身上，让人很不舒服。为了克服棉质内衣的这种缺点，人们研制出一种三层保暖内衣，采用多种纤维的多层结构，使皮肤和织物点状接触之间形成空气层，保暖性既好，吸湿性亦佳。

此外，真丝面料也可以作为内衣织物，它不仅具有棉的舒适感，还有手感光滑、导热系数低、冬暖夏凉的特性，是高档内衣用料。

针对现今人们对内衣时装化的要求，在满足基本舒适的前提下，选用特殊的材料，可达到更好的舒适性和外观性。

弹力真丝内衣就是以莱卡面料为芯，外包真丝纱制成的，具有良好的触感和弹性，大大地克服了起皱的缺点。

此外，吸湿涤纶纤维的吸湿速度比棉纤维快，透气性也好，用于制作的衣物深受消费者喜爱。

改良型麻质纤维面料，经柔软处理后不起皱，也可以用于制作贴身内衣。

随着纺织技术的不断进步和革新，内衣用料已不仅仅局限于这些传统的织物，而是向更大的领域扩展。例如，利用高新技术处理的内衣面料，不仅可以穿着舒适，还具有一定的功能。实际中应该选择那些吸湿性好且无刺激的棉质和丝质衣料作为内衣面料，这些织物表面细密、柔软、光滑，未经树脂整理，颜色最好是本色或者浅色。

外衣是穿在人身上最外面的服装，对舒适性的要求不如内衣高，却对外观有着较高要求。

棉织物柔软舒适、吸湿透气、光泽自然，给人以温暖、朴素、轻松的感觉，一般用于休闲和居家服装，可以呈现服装温馨舒适的风格，若用于礼服则会显得不协调。

麻织物布面粗糙、风格粗犷，多用于制作便服。

毛织物色泽纯正、光泽柔和、手感丰满而有弹性，给人以温暖、典雅、华美的感觉，适合制作社交礼仪服装。

丝织物光泽优美、轻盈滑爽、华丽精美，多用于制作高雅飘逸的礼服和高档睡衣。

夏装外衣面料可选用棉织物，经过防缩防皱处理的棉织物既舒适又美观，比传统的棉织物更具有优越性。丝绸面料是夏装外衣的理想用料，它能阻挡日光中的紫外线，保护皮肤免受伤害。经过特殊整理的丝绸不易脱色，缩水性小，不起皱，兼具较好的外观。夏天穿着亚麻织物凉爽透气，能保护皮肤免受日光的伤害。还有防晒面料，紫外线对其穿透力不强，同时布料会反射紫外线，而且具有隔热作用，非常适合制作夏装、户外运动服及工作服等。随着人们保健意识的增强，研制防晒服装已成为服装业的热点。

冬装外衣的面料更注重保暖性，羊毛织物是较适合的材料，轻便、保暖性能佳，吸湿性能好，手感温暖，抗静电性好。仿毛化纤面料也可以用作冬装面料，但其静电大、舒适性较差。传统的棉服、羽绒服虽然有一定的防寒能力，但是较重，体积较大，显得臃肿。太空棉则是一种非常轻便、保暖性能好的材料，极适合制作冬装。

此外，冬季服装廓形不宜于张扬地表现人体曲线，因为这样会使保暖性降低而产生不适感。当然，也不应过于追求宽松、随意的着装效果，因为过于肥大容易透风，从而不能很好地防寒。

还有一些特殊服装，如高温作业的工作服、潜水服、防静电服、消防服等，面料要达到舒适要求，技术难度较高。在设计这类特殊服装时，一方面，要考虑其的保护功能，应能使人体在某些特定场合不受外部环境的伤害；另一方面，要考虑穿着的舒适性，人体应能活动自如，并满足人体正常的生理卫生要求。这些服装需要选用一些特殊的服装材料，如涂层织物，即表面涂上一层连续薄膜，达到防水防火等要求；复合玻璃用在潜水服上可承受水的压力；在防静电服中织入导电纤维等，可使服装达到特定的防静电要求。总之，应根据穿着的需要来合理选择服装材料。

大多数服装材料的舒适性不可能全面，只能侧重某几个主要方面，而且材料的选择还受一些主观因素的制约，如人们的价格承受能力、审美情趣、穿着场合等。另外，人的性别、年龄、体质、生活习惯等差异也会使其对服装舒适性有不同的感受。例如，一套由相同材料制成的服装，在同样的气温环境条件下，两个人穿着很可能就会产生不同的舒适感，这就是每个人生理机能所产生的不同反应的结果。

随着时代的发展，人们的穿着越来越时装化、个性化，并追求舒适感。传统服装材料的服用性能比较单一且不够良好，不能满足现代人的穿着要求。而且，当前人们的健康意识普遍提高，为了适应这些需求，很多新的服装材料应运而生，如化学纤维通过仿真、模拟的改良整理后趋于天然化；化学纤维和天然纤维混纺，可以取长补短；有色面料采用纯天然染料着色，以确保织物有益人体健康。服装材料的发展使人类的服装更舒适、更健康，反过来，服装的发展也在不断推动服装材料的发展。

服装材料的舒适性是人们穿着不容忽视的重要内容。它直接关系到人体的生理卫生状况，影响人的健康生活，是服装设计制造过程中必须考虑的一个重要因素。随着社会的发展，人们对服装舒适性提出了更高的要求。服装不仅需要美观，还需要不危害人体健康，一味地追求时髦漂亮的服饰而不注重健康的做法是不明智的。如果将服装美与健康美融合在一起，那服装定会给我们带来更多的舒适。

第三节 服装与人的心理

服装的流行受多种因素的影响，包括经济因素、科技因素、政治因素等，但其产生与发展却是人们心理欲望的直接反映。因为，只要有人和人群，就会出现模仿行为及从众心理，就会有逐新求异的追求欲望。这些心理需求和行为，是造就和形成服装流行的主要因素。

一、服装流行中的求异心理

服装流行的产生首先是人们追求个性的结果，是人们求新、求异心理的反映。一般来讲，在个人心理机能方面，每个人在社会中都是通过不同的方法和途径来表现自己的个性特征的，人们总是希望在他人心目中形成“自我”。求新、求异心理正是个性的显示，这是一种追求新颖、奇特和时尚的心理。在服装流行中，一些人身着“奇装异服”，就是这种心理的表现。人们的这种求新、求异心理，导致了服装流行的新奇性特征，即流行的样式不同于传统，是能够反映和表现时代特点的新奇样式。从时间角度看，流行的新奇性表示和以往不同，和传统习惯不同，即所谓“标新”；从空间角度说，是表示与他人的不同，即所谓“立异”。标新立异正是人格独立的一种反映。

二、服装流行中的从众心理

从众是一种比较普遍的社会心理和行为现象，通俗地解释就是“人云亦云”“随大流”。从众心理是人们在社会群体或社会环境的压力下，改变自己的知觉、意见、判断和信念，在行为上顺从与服从多数、周围环境的一种心理反应。当一种新的服装样式出现，周围的人开始追随这种新的样式时，便会产生暗示性：如果不接受这种新样式，便会被讥笑为“土气”“保守”。这就会对一些人形成一种无形压力，导致他们心理上的不安，为消除这不安的感觉，他们便放弃旧的样式，而产生追随心理，加入流行的行列。接受新样式人数逐渐增加，最终会形成新的服装潮流。

服装流行中的从众心理，一方面，反映了人们企求与优越于己的人在行为上和外表上一致，以使自己获得某种精神上的满足的心理。现实生活中，颇具代表性的是许多年轻人出于对明星的崇拜，从而会刻意模仿其穿着方式、外在形象。另一方面，也反映了人们的归属意识。这是由人们具有寻求社会认同感和社会安全感的需要决定的。当一个人的思想现实行为偏离了所依存的群体或违背了群体规范时，便会受到指责或被孤立，从而造成心理上的恐惧。为避免这种结果，人们总是趋于服从。在归属意识的支配下，人们就会随从群体中大多数人的行为，即“随大流”“赶时髦”。

三、服装流行中的模仿心理

人们之所以会形成在一段时期内追求同一形式的美感的社会潮流，是因为少数人的求变心理引起了人们广泛的模仿，而模仿又形成了被追求的色彩、款式等形式的普遍流行。

模仿是人的一种自然倾向，是对别人行为的重复。模仿是从儿童时期开始的，而且人类借助于模仿获得了最初的认识，并能使人得到某种满足。模仿是服装流行的动力之一。从历史上看，无论是西方还是东方，帝王、宫廷贵族等统治阶级在拥有绝对的政治特权的同时，也掌握着流行的领导权。例如，英国女王伊丽莎白一世使扇形的高耸于后领的“伊丽莎白领”风行一时；法国国王路易十三和路易十四总是佩戴假发，使男子戴假发流行了一个多世纪；英国王妃戴安娜，其穿戴至今仍被许多女性崇拜、模仿。进入 21 世纪，社会上涌现出许多不同领域的名人，他们的生活方式、着装仪容均成为人们追求的目标，人们在追逐模仿中获得了与众不同的感觉，这给了时尚一股不可抗拒的动力。

四、服装流行的心理因素带来的启示

研究服装流行的心理因素，可以深层次地把握消费者服装消费行为的内在本质，了解消费者行为背后隐含的心理变化规律，准确描绘新款服装在市场上的营销发展轨迹，以助于服装企业制定有效的市场营销组合策略，满足消费者不断变化的消费需求。例如，对消费者的消费心态、生活方式等方面进行深入研究，可以帮助公司进行准确的风格定位，可以帮助公司发现新的细分市场，弥补空白市场，满足不同层次、不同需要的各类顾客的需求，从而培养消费者对该品牌的偏好，提高品牌忠诚度。

可以通过消费者心理描述法准确描述消费者的生活轨迹和消费态度，透过消费者个性特征，深入了解他们的动机、需求、喜好、品牌意识及品牌忠诚等，从而准确地进行品牌风格定位，建立独特的品牌个性。有时，一些服装品牌会以头脑中假设的简单的消费者形象来进行品牌定位，如某个服装品牌的目标消费人群定位为25~35岁的时尚白领女性。这样的定位是模糊且不准确的，也许这个品牌拥有者会惊奇地发现，许多35岁以上的女性也在购买他们的服装。因此，必须借助消费者心理描述法来深入、详细地了解消费者，与他们建立更深层次的联系。设计师要牢牢把握消费者的心理变化规律，进而引导消费流行。任何艺术形式都会被作为“经验”固定下来，又以一种“科学”的方式传授给人。设计师要针对人们的服饰消费心理需求进行科学的预测，总结规律。当然，无论怎样对流行趋势进行预测，毕竟未来都是一个变数。只有找准服装流行的基点，认真剖析流行的时代性及消费群体的地域、年龄、心理等具体特征，才能准确把握流行的方向。

第四章　服装色彩设计搭配

环境、穿着对象、时尚潮流趋势等是服装设计师在设计服装时所要考虑的因素，但在一系列因素中，最为重要的是服装的色彩。服装的色彩蕴含服装风格、文化、情趣等语言艺术，也是穿着对象身份、地位、性格、品位等的象征。不同的色彩能够向人们传递不同的信息。色彩搭配是设计师的主要工作。服装色彩能够起到视觉醒目的作用，服装色彩的完美搭配会给人赏心悦目之感，不仅穿着者自身美，还给他人一种美的视觉享受。因此，服装色彩不仅是一种装饰，也是情感和精神意识的体现。

无论是过去还是现在，服装色彩通常都是服饰审美判断的标准之一。服装设计中必须使用一定的色彩来充分表现设计师的设计理念。服装是以有色形式出现的，服装的色彩在服装整体感知中占据着重要的地位，具有特殊的表现力。人们对服饰的第一印象通常是色彩，故而色彩具有强有力的视觉冲击作用，色彩运用协调统一在服装设计中尤为重要。色彩的搭配不是随意选取，胡乱堆砌，集五色于一身，这样会引起人视觉上的混乱与疲惫，还会给人一种幼稚、俗气的感觉，这就不是所说的美了。当然，也有人喜欢混搭色彩。但是，混搭的前提是整体协调。通常来说，一个人整套服装色彩搭配最好不要超过三种颜色。服饰的美与不美，最重要的不是色彩的丰富，而是色彩运用的合理性，色彩运用必须与穿着对象的性格、年龄、身份等特质相符。美感是以人的感官所能达到的范围为限制的，感官达不到的则很难说它们是美还是丑。色彩运用的协调统一就是在人们感官所能达到的范围运用色彩，呈现出一种美的形态，即一种美感。在当今这个多元化、个性化的社会，人们越来越注重个人形象塑造，而服饰的选择是个人形象塑造最为重要的一环。人们逛街买衣服时，在考虑款式是否新颖独特的同时，还要考虑上衣与下衣的色彩是否搭配，服装的整体色彩效果是否与周围的环境协调统一。由此可见，人们在选择服饰色彩时已经不知不觉地运用了美学。

第一节　服装色彩的特性

一、色彩的情感与象征

色彩本身并无特定的情感和象征意义，但色彩作用于人的感官，往往会引起人们的联想和感情共鸣，从而产生一系列心理活动，这就给色彩披上了情感的轻纱，并由此形成人们对色彩的好恶感受和色彩的象征意义。

我国古代色彩受到“阴阳五行论”的影响，在较长历史时期内，黄色最为高贵，象征中央，红色代表南方，青色代表东方，白色代表西方，黑色代表北方。隋代开始，以服装的颜色来区分官员的等级，五品以上官员穿紫袍，六品以下穿绯衫或绿衫。唐代官员常服颜色为三品以上紫色，四品深绯色，五品浅绯色，六品深绿色，七品浅绿色，八品深青色，九品浅青色。

同样是一种颜色，也可能有不同的情感和象征。例如，迎春花和油菜花的黄色，给人以清新、舒适之感；成熟谷物的金黄色，象征丰收与欢乐。

不同的国家或民族对同一种颜色往往也有不同的感受。例如，在中国，红色有着积极的象征意义，它具有兴奋、温暖、热情、喜庆、欢乐、吉祥等情感象征，因而每逢佳节、婚庆喜事等必有红色。红色又象征威武、力量、奋斗、光荣、胜利等，代表革命的意义，像中国人民解放军的前身“中国工农红军”以及国旗、党旗的红色，都是革命、胜利的象征。在印度文化中，红色表示爱与力量。印度女性额头上点的红印，不仅有装饰的作用，还表示她已婚且丈夫健在。

颜色还有暖色调、冷色调之分。红、橙、黄被称为暖色调。人们看到红色，可以联想到阳光、烈火，有“热”的感觉；黄色是一种温和的暖色；橙色的波长在红与黄之间，“热”感不如红色，但比黄色强。橙色又是霞光、灯光、鲜花的颜色，有着明亮、华丽、温和、纯净、辉煌等象征意义。

蓝色处在光谱的另一端，正好与红色相反。人们看到蓝色，容易联想到天空、海洋、湖泊，因此，蓝色给人以“冷”的感觉，象征纯朴、崇高、深远、舒畅、稳定等情感。蓝色同中国人的黑头发、黄皮肤十分协调，是一种老少皆宜的服色。蓝色还是现代科学的象征色，是沉静、智慧和征服自然的象征。

在色彩的冷暖倾向中，若绿和紫倾向于蓝，即蓝绿、青紫等这类色彩，则属于冷色调；若绿倾向于黄，紫倾向于红，即黄绿、红紫等，则属于暖色调。大自然的主色是绿色，因此，绿色象征生命与希望，人们把绿色视为和平的象征色。我国的邮政员工工作服、邮筒都是绿色，含有安全之意。

紫色具有矜贵、幽雅感，象征着庄重、娇艳、高贵等。灰暗的紫色代表着伤痛、疾病等消极的含义，容易给人造成心理上的忧郁、痛苦和不安，但是明亮的紫色和浅色系的紫，如浅青莲色、浅藕荷色等，由于明度提高了，就显得淡雅而活泼。

二、色彩的装饰与协调

色彩美在服饰设计中是极为重要的。就色彩起到的装饰作用而言，一方面，要具备典型、鲜明、强烈的艺术效果。配色时，要充分运用色彩的各种组合关系，最大限度地显现色彩配合的魅力。另一方面，还必须保证色彩协调。色彩协调，指服装与配件、附件的色彩协调以及服装与装饰图案的色彩协调。同时，服装色彩与人的自身条件及所处的环境紧密相关，服装的色彩美体现在整体上，整体色彩协调才是美的。

三、色彩的应用与价值

职业服的色彩可以反映出不同职业的特点，给人以美感。比如，医生工作服的色彩应以洁净为基调，不但在功能上起到卫生、清洁的作用，而且要使患者在心理上感到轻松、愉快。学生服的色彩要求素雅、统一，既有朴素、大方的效果，又能使学生精力集中，有利于学习。码头工人服装的颜色要鲜明，便于识别，有效避免产生碰撞等安全事故。在精密车间工作的人员，其服装颜色最好柔和一些，因为柔和的颜色可以使人情绪安定。

运动服的色彩与人的视锐度有关。一般来说，人的眼睛对鲜艳的色彩较为敏感，而对灰暗的色彩则不太敏感。因此，运动服的颜色应以鲜明、醒目为主，常用强烈饱和对比色，以达到互相衬托、易于识别的目的。

同时，运动服的颜色与运动背景的色彩有关。在对抗性较强的足球竞赛中，由于草坪是绿色的，运动员最好不要穿绿色运动服。一些室外运动中，在强烈的阳光下白色运动服易反光，最好也不要穿着。乒乓球竞赛规则规定，运动员不得穿白色运动服，不得佩带闪光的纪念章、纽扣等，以免扰乱对方的视线。在登山运动中，背景可能是白茫茫的冰天雪地，故登山服的颜色宜用可见性高的对比色，突出运动员的矫健姿态。对于游泳、跳水等水上运动，在碧水背景下，运动服应选用轻盈、绚丽的色彩，并应注意色彩的扩张感和收缩感，以体现运动员的健美身材。

四、图案色彩

色彩作为构成图案的重要方面，与造型、纹样互相联系但又各自发挥独特作用。“远看颜色，近看花”“先看颜色，后看花”，这两句俗语都简明扼要地说明了色彩在图案创作中的重要意义。例如，造型、纹样相同的杯子，施以不同的色彩，就会产生完全不同的效果。在染织、刺绣、挑花等工艺以及地毯、景泰蓝等工艺品创作中，色彩的作用就显得更加重要了。在图案设计里，颜色应摆脱自然色彩的限制，追求更能表达想法的颜色。

图案色彩着重从多个方面展开研究，如物象的原有色及各种色相、明度、纯度之间的关系；人们对各种色彩的不同感受与喜爱；各种不同的工艺技术对色彩的限制与约束。根据图案的特点，用色时要进行大胆的概括和归纳，把近似的色彩合并，将立体层次转化为平面效果，排除光影的干扰与条件色的影响。这样处理既有利于制作，同时还能使色彩更显单纯，给人以朴实的装饰感。在实际生活中，图案色彩的使用必须因时（时代、季节）制宜，因人（民族、年龄、性别）制宜，因地（环境、地区、国家）制宜，还要考虑工艺技术、材料、使用目的等，这样才能得到良好的效果。不少图案作品，没有花纹，只有色块，同样充满美感。许多现代工艺品更是将色彩的运用作为主要的装饰手段，给人留下美观、大方的深刻印象。所以，从事图案设计工作的人员一定要熟悉色彩的性能，掌握色彩的配合规律，充分发挥色彩的积极作用。

图案色彩要有主色调，就像乐曲中有主旋律一样，如果选用两种以上的颜色，必须有一个主色调来统一整个画面的色彩。主色调要有明显的倾向性，或偏冷或偏暖，或偏明或偏暗。其他各色的明暗、强弱、冷暖要根据主色调来确定。没有主色调的作品，色彩之间会互相抵消，给人杂乱的感觉。主色调的选择可以依据创作内容来定，也可以依据使用对象和季节来定。一般在图案中，底色往往是色彩的主色调，对整个色彩起支配作用。配色时，一般先确定底色（主色调），再考虑次要颜色，然后根据底色与次要颜色的关系进一步安排其他颜色，这些色彩必须对主体起衬托呼应的作用，因此，不宜过于鲜艳，以免喧宾夺主。

图案色彩变化的作用是破除单调、呆板，使画面丰富和调和。色彩搭配要注意颜色面积大小、明暗、深浅、冷暖等。此外，色块在画面上的位置一定要均衡，千万不要使某类色彩过于集中在画面的一端，以免画面产生失衡感和混乱感。

第二节　色彩的基本常识

色彩本身不存在美与丑之分，关键在于色彩的搭配是否协调统一，是否在人们感官能接受的范围内。协调统一的服装色彩搭配，往往能产生一定的美感，给人留下深刻的印象。在色系的搭配中，为了实现视觉感官上的互补与平衡，可以对冷暖色系、明暗色系、深浅色系进行适当的交叉搭配。通常，人们习惯将深色系和浅色系进行搭配，冷色系和暖色系进行搭配，明色系和暗色系进行搭配。

不同色系有不同的特点。深色系通常给人一种庄重、保守的感觉，而浅色系则带给人们一种轻松活跃、舒适平静之感，一深一浅的搭配，在视觉上产生平衡，给人和谐的感觉，例如，采用深浅配色的穿搭时，上半身可以穿一件淡蓝色的棉质 T 恤，给人轻柔爽快的感觉；下半身搭配一条深蓝色的牛仔裤，牛仔面料给人休闲硬朗的感觉，与上衣面料形成对比。

冷色系，代表颜色有绿色等，通常给人们凉爽、安宁、友好的感觉；而暖色系，代表颜色有红色、橙色、黄色等，通常给人们暖和、热烈之感。冷色系搭配暖色系也是一种和谐的搭法。在不同的季节，人们会基于体感而选择不同色系的服装，例如，在严寒的冬天，人们通常选择暖色系的服装，给人一种温暖的感觉。而在炎热的夏天，人们一般会选择冷色系的服装。除此之外，人们也会基于其他需求选择服装色系，如有人会因为偏向耐脏的衣服而选择深颜色、冷色系的服装。

明色系，通常指具有高亮度和高饱和度的颜色，给人一种明快、活泼之感；而暗色系则是颜色相对较暗淡的颜色，给人一种深沉、庄重之感。明色系搭配暗色系能形成一种完美的互补。在服装配色中，最经典的要数黑白配，这既是明暗配色，也是深浅配色，兼具了两方面的特点。黑白配可以说是永远不会过时的一种服装配色，但若一个人一年四季的服装搭配总是黑白的，因色彩过于单调，没有任何服饰色彩搭配的创新，会令他人产生视觉疲劳。

服装色彩搭配应与年龄相适应。通常来说，刚刚出生的婴儿，穿的基本是浅色系的服装，以突出婴儿的柔软、可爱。孩子成长到儿童阶段，则会更多地选择鲜艳明亮的颜色，凸显儿童天真活泼的性格。青年时期的孩子洋溢着青春，可以选择明亮纯色系的服装。中年人考虑选择低纯度色系的服装。而老年人可选择中性色系的服装。总之，服装色彩的搭配可根据年龄选择。

服装色彩应与肤色搭配。不同的肤色，对于服装色彩的选择也有一定的区别。肤色较为白皙的人选择服装色彩的时候有更多的选择，因为基本所有色彩都适合白色皮肤，但黄色系和蓝色系更能衬托出穿着者肤色的白皙，整体感觉明艳照人。而肤色偏黑者，服装色彩的选择就会有些局限，最好不要选择深色系的服装，这样会把肤色衬得更黑。肤色偏黄者，应该更多地考虑蓝色调的服装，这样可以令面容更加精神。还有在选择藕色、浅褐色时要仔细考虑，是否与偏黄的肤色相适应。

服装色彩应与体型搭配。选择服装色彩时，不仅要考虑穿着者的年龄、肤色，还应顾及体型。每个人的体型都有所不同，体型较瘦者，可以考虑浅色系、明亮色系的服装，体现出轻快扩张之感，产生丰富的视觉效果；体型较胖者，则最好不要选择明亮色系的服装。

服装色彩应与特定场合相匹配。在不同的场合中，对着装的色彩是有一定讲究的。例如，在家里，服装的色彩可以轻松活泼一些，如居家服或睡衣，这类服装的色彩基本属于浅色系、暖色调，给人温馨幸福的感觉；在工作场合，一般穿着较为正式，应选择中性色系，如黑色、灰色、白色等，给人一种干练、稳重、成熟的感觉；在户外旅行或参加体育运动的时候，可选择明亮色系的服装，给人充满活力的感觉；在一些晚会、派对的社交场合，可以根据不同主题选择不同颜色的服装，如参加时尚派对可穿着色彩鲜艳的服装。总而言之，在不同场合下，服装色彩的选择是很重要的，因为色彩会给人强烈的视觉冲击，留下深刻的印象。

第三节　色彩在艺术与服装中的呈现

在服装设计中，色彩所带给人们的联想是最丰富的，同时色彩被赋予更多的思想感情和表现语言。服装色彩的合理运用，既是服装设计师所追求的，又为服装设计注入了新的活力，为设计师提供了广阔的发展空间。

一、色彩与艺术的关系

色彩作为艺术语言在绘画中扮演着十分重要的作用，引起无数艺术家的重视和特殊兴趣。浪漫主义画家欧仁·德拉克罗瓦是彻底的色彩追求者，为了强调色彩不惜忽视线条的准确性。印象主义确立了色彩“革命性的变化”。埃德加·德加的作品把光融合在色彩的对比之中，把形渗透在色彩的流动之中，运用斑驳交错的色彩，产生了恣意变幻的艺术魅力。克劳德·莫奈擅长描绘光与色的变化，注重色彩特征而不是题材本身，他使作品充满生命力，通过色彩表现生命的韵律。

五色是我国传统艺术用色，包括黑、白、赤（红）、青（蓝）、黄。其中赤（红）、青（蓝）、黄正好是颜料的三原色，可以调配出其他色彩的基本色。黑、白则是最好的调和色。如果对我国的工艺美术有所了解，会发现不管是民间美术中的年画、社火脸谱、剪纸，还是宫廷建筑中的雕梁画栋等，都使用了五色。五色还与五行相对应：东方青色主木、西方白色主金、南方赤色主火、北方黑色主水、中央黄色主土。

在社火这一民俗艺术活动中，色彩又成了身份、性格的象征，关于社火脸谱的用色，有这样一个口诀："红为忠勇白为奸，黑为刚直灰勇敢，黄为猛烈草莽绿，蓝为侠野粉老年，金银二色色泽亮，专画妖魔鬼神判。"它们形成中国特有的民俗色彩。

二、色彩与服装的关系

纵观人类的服装历史，色彩所处的位置十分重要。中国古代，受严格的等级制度的影响，服饰文化作为社会物质和精神的重要内容，被统治阶级用作区分等级的工具，不同的服饰代表着不同的社会阶层。这种等级性还具体表现在服装的颜色上。例如，《中国历代服饰》中记载，秦汉巾帻色"庶民为黑，车夫为红，丧服为白，轿夫为黄，厨人为绿，官奴、农人为青"。在清朝，官服除以蟒数区分官位外，对于黄色也有禁例，如皇太子用杏黄色，皇子用金黄色，而各王侯等不经赏赐是绝不能着黄服的。

中国的民族服饰文化是以汉民族服装文化及众多少数民族服饰文化共同组成的。尽管我国民族众多，各民族都有自己的色彩偏好，热爱生活、向往美好是各族人民共同的愿望和永恒的追求。各少数民族服饰中多大胆应用鲜艳夺目、层次丰富的色彩，它不仅反映出少数民族服饰本身多样化的艺术趣味和审美追求，更反映出不同民族、不同时代及不同文化背景下的不同色彩理念，例如，土家族妇女的花袖衫，两袖由七色彩布圈镶接而成，赋予每一种颜色一定的象征意义，这是一种追求绚丽色彩的类型；白族妇女的服饰堪称色彩调配的艺术杰作，该民族青年女性的服饰，由头帕、上衣、领褂、围腰、长裤等几部分组成，以上衣为主色调，多为白色、嫩黄、湖蓝、浅绿等颜色，间以红色点缀，这是一种追求明快和谐色彩的类型；壮族服饰多以黑与蓝为主色；仫佬族崇尚青色，服饰风格素朴简约。

三、服装色彩的配色方式

色彩是服装设计的重要因素之一。从事服装色彩设计的人员，自然要熟悉色彩的性能和色彩的搭配方法，掌握色彩的变化规律，在实践中不断提高服装色彩的构思能力、运用能力和表现能力。让色彩注入人的情感，变得更富生命力，使设计主题得到升华与展现。

服装配色有两种方法：一是先配色后选面料；二是先选面料后配色。服装配色无论采用哪种方法，都离不开色彩的组合。一般来说，一个系列服装使用的色彩不宜超过四种，具体的配色方式如下。

（一）同类色搭配

主体色无论是冷调、暖调还是中性色调，其他色彩只在这一色调中选择，如主色调为蓝绿，其他颜色可选湖蓝、钴蓝、深绿、碧绿、草绿、粉绿等组合，这是最容易掌握的配色方式，并且效果良好。

（二）选择对比色点缀

这种方式既可以起到强调主体色的作用，又可以形成活泼跳跃的效果。无论是冷色系还是暖色系都可以选择对比色进行点缀，但不宜多，以一两种颜色为宜。例如，主体色蓝绿色调，为使其更加醒目突出，可加一点儿柠檬黄或橘红，会使作品有清爽中不失浓郁的感觉。

（三）中性色

中性色指黑色、白色及由黑白调和的各种深浅不同的灰色。黑色、白色可以用来做所有色彩的衬托，尤其是用在色彩比较鲜丽的组合中，可减轻其浮华张扬的感觉，起到调和与稳重的作用。服装色彩设计时，既可以使用灰色系本身搭配（通过明度或彩度的变化），也可用其他纯色点缀，或与黑白组合。当然，整体应在统一的色调里。

四、服装色彩的整体表达

色彩在不同材质的面料上呈现不同的视觉效果。在进行服装配色设计时，掌握好色彩与面料材质的关系极为重要。同一个颜色，在不同的面料上产生了不同的各具特性的色彩情感。例如，同是黑色，金丝绒、丝绸、软缎显得高贵富丽，而棉布、涤纶和粗麻布给人朴素的感觉。同是蓝色，薄如蝉翼的乔其纱飘忽轻柔，而厚重的大衣呢料显得端庄、稳重。因此，服装的配色不可脱离材料。设计师需对各种色彩和面料质感有一个总的认识，然后在设计中运用理论知识，与将实际感受及配色经验互相结合，以选择最佳的色感与质感的组合。

在构思服装色彩时，着装对象是设计师必须考虑的问题。服装色彩是用来装饰、美化人体的，着装者的形体、肤色、年龄、气质的不同，具有不同的个性特征，服装的色彩应因人而异。色彩运用应针对不同着装对象的个性进行具体分析，以达到色彩的表现与人的个性互相协调和统一，符合着装对象的个性需要。

自然界中拥有着丰富、绚丽的色彩，服装设计师如果能够对它们进行细致观察，就会给设计构思带来启示，创造出所需要的色彩关系。著名日本服装设计师森英惠就从自然界的蝴蝶中得到启示，以蝴蝶为联想创造了色彩礼服，后来她以“蝴蝶”为标志所设计的服装，为伦敦、巴黎等地时装界所瞩目。为了能够运用自然色彩，可以在大自然中有意识地观察、体验自然景物所呈现的各种变幻的色彩，去有目的地寻找、选择、研究大自然中色彩美的形式，积累色彩资料，将大自然中的色彩通过认识和感情，进行联想和创作。

自然界创造色彩，人类运用色彩。设计师应学会准确地运用色彩语言来表达服装设计的主题。色彩的语言是世界性的，因为它抒发的情感是人类所互通的；同时它是个体性的，因为它所表达的是每个不同设计师的不同情感。因而在服装设计中，设计师应该将色彩语言的世界性和个体性相互融合，也就是将色彩的共性和个性达到协调统一，才能为人类创作既具有浓厚的文化底蕴又符合时尚气息的服装作品，从而彰显出色彩语言的无穷魅力。

第五章　服装的配饰

服装配饰，指人们在着装时所选择和佩戴的物品，具有一定的实用性和装饰性，如围巾、头饰、包袋、背带、腰带等，种类繁多，涵盖范围非常广，色彩、材料丰富，造型多种多样，美化个人仪表、衬托个人气质，服装配饰的流行与社会时尚和新材料的研发有着密切关系，在整体服装搭配中有着重要的作用。

配饰是为完成服装整体设计而存在的一种不可或缺的设计。配饰与服装组合，引领了时尚，促进了流行。

以前，配饰的种类较少，以实用功能为主。随着人们生活的变化及科学技术的发展，配饰在消费市场成为广泛而普遍的品类。

第一节　配饰关键要素

一、配饰的搭配风格

风格是指在设计中所遵循的风尚、格调。风格反映了设计的主旨。不同的配饰能体现不同的风格，如珍珠配饰给人精致、高贵的感觉；金属配饰体现个性与时尚。

选择恰当的配饰，会让服装的整体形象和风格完美地展现。不同的配饰有不同的搭配风格，如棒球帽、健身护腕、运动手表等，是运动风格服装的常用配饰；贝雷帽、长筒靴、宽腰带是时尚休闲风格服装的常用配饰。

二、配饰色彩

配饰的色彩与服装相同，可以使服装的整体色彩效果达到统一，视觉效果完整。选择与服装色彩构成对比的配饰，可以使服装的整体色彩效果变得丰富、饱满起来。选择中性色的配饰，可以与各种颜色的服装搭配，营造出简洁、大气的效果。配饰的色彩与服装之间的关系，一般遵循统一或多样统一的原则以寻求协调。

三、配饰材质

选择服装配饰的材质时，应考虑与服装整体面料的协调性，如使用与服装同种面料制作包、帽子、围巾等。通过这些配饰的搭配，使服饰整体具有连贯性，呈现出更好的视觉效果。但在选用相同材料制作饰品时，应多注意做工上的细节处理，不能粗糙，以免破坏服装的整体效果。制作配饰的材料比较多，皮革硬挺显示精干，丝绸飘逸表现温柔，毛绒柔和突出舒适惬意，银制材料充满神秘感等。

当今世界多元化，人人追求时尚，喜欢个性。配饰对表现穿戴者的个性甚至起到了主导性作用。所以说，好的服装设计，有时靠的并不是服装本身，而是一些配饰，这些配饰体现出设计师想要表达的个性与品位。我们的生活离不开服装，而服装的形成更是离不开配饰。

第二节　配饰的生产流程

以合金配饰为例，其生产流程一般为设计→雕刻→压模→翻砂→烧焊（连接）→抛光→电镀→点钻、画油→包装（入库）。

饰品开发是饰品从无到有的第一步，对于以后的各个步骤起指导和参考的作用，也是饰品个性充分体现的重要环节。设计人员对各方面的信息进行综合归类后形成初步的创意，然后呈现在平面图纸上。图纸完成后交于饰品制版师，由饰品制版师根据图纸的要求用合金料雕刻成立体的母版，完成母版就完成了饰品开发的关键过程。

母版转到压模房，由压模师傅用 A、B 特种橡胶制成模具。要想批量生产合金饰品，必须做模具，压模是从单件饰品生产到批量生产的关键，压模质量的好坏会直接影响下一道工序成品率的高低。特种橡胶的物理性质很特别，在压模前相当柔软，可塑性很好，但是经过一定的温度变化之后就成型为有一定强度且熔点比合金高的模具。

翻砂工序是先将合金在熔炉里熔化，浇入模具冷却凝固后开模取出，形成产品的粗坯，称之为子版。这就是最初成型的产品了。由于翻砂出来的粗坯有各种毛刺和残余的合金料，因此必须修边，在这一工序中可用剪刀、刀片、吊机等工具将毛刺等修理干净。

合金材料基本处理好之后要把一些链子、夹子还有弹簧之类的配件连接或者烧焊上去，这也是把饰品装饰性和功能性结合起来的重要环节。比如，合金耳钉上面还有一根耳针，它不是翻砂上去的，而是烧焊上去的，翻砂只能是纯合金，而耳针一般是钢的（当然还有铜、铁、银的）；首先焊接师傅把合金摆好，使要焊接的位置朝上，再利用高温焊枪（利用汽油燃烧，产生火焰），把要焊接的部分熔化，耳针沾上一点儿焊接膏，放在已熔化的合金位置。这套工序看起来简单，但几乎是饰品生产中最难的地方了，焊接师傅要有很强的控制火焰温度的技巧。

经过修边和连接的子版，大的毛刺虽然已经清理完，但是还达不到饰品表面光亮的工艺要求，还必须经过抛光把子版表面的砂眼等去掉。抛光的方法有很多，常用羊毛轮抛光。

抛光好的饰品就可以直接包装入库了，但有一些饰品根据设计要求需要做各种各样的效果，如电镀、画油、喷漆、点钻等，其中点钻用的钻石是用一种特殊的黏合剂粘上去的，可以根据设计要求搭配成各种效果。

第三节 配饰的工艺

一、常见的制作方法

（一）花丝

花丝是一种利用金属丝经盘曲、掐花、填丝等手段制作造型的细金工艺。具体来说，先将块（条）状金属经熔化、压丝、拉丝制成所需直径的金属丝，将丝合股拧绞（搓丝），拍扁，再根据图纸的花样用镊子将丝盘曲成各种花形（掐花），将掐好的各种花形合拢，撒上焊粉过火，即得各种整体花形（黑胎），然后对黑胎进行酸洗，有时要点银蓝，烧蓝后镀金或镀银，有的最后还需要镶嵌宝石。这种工艺的饰品表面造型丰满，层次如浮雕。

（二）平填

平填与花丝相似，只不过平填是将丝盘曲填在一个框的平面内，造型精细清秀，像在纸上勾勒的花纹，产品多为银盘、银瓶等摆件。

花丝与平填被称为“东方工艺”，效果极佳，但容易变形、崩蓝或开焊，长期使用易藏污垢，难以清理，表面的光亮程度也不够。

（三）实镶

实镶工艺是指利用锤、锯、钳、锉等工具将金银锻打成部分纹样，锉光焊接成整体首饰的过程。实镶饰品的表面光亮，线条流畅，层次丰富，是远近装饰效果均佳的细金工艺。

（四）电铸

电铸原理类似于电镀，在铸液中铸件为阴模，表面活化处理后产生导电层，通过电泳作用使金属逐渐沉积在阴模表面，达到一定厚度即可取出，打磨焊接、表面处理后，成为中空的饰品。这类饰品外观漂亮，体积大重量轻，电铸速度快，产量可高可低，易于灵活掌握。深圳等地的首饰制造企业已经掌握了“加厚电铸”的技术，可以将宝石预置于铸模指定位置，电铸后沉积层自然将宝石嵌紧，免除了部分镶嵌工作，增加了电铸技术的适用范围。

二、首饰表面加工工艺

（一）电镀工艺

电镀工艺是一种应用广泛、为大众所熟知的表面加工工艺，它实际属于一种化学表面处理工艺。在国际市场上，电镀工艺常用于对 18K 以下含量的 K 金首饰的表面处理，镀层的颜色有很多，如黑色、浅蓝色、紫色、橙红色、粉红色、金黄色等单色电镀和多种颜色的套色电镀，镀层的表面形状也有光亮、纹理（有规律和无规律)、亚光（喷砂)、蚀痕等，以适合不同消费者的喜好。

（二）包金工艺

把黄金锻打成金叶，用金叶层层包裹非黄金的饰物，金叶必须压平、压实，不留接缝，这种工艺称为包金工艺。包金饰品外观于真金饰品并无二致，只有重量上的区别。包金层很厚的饰品，几十年也磨不透，丝毫不露内芯，它的使用寿命远比镀金首饰长。不过这类饰品目前很少见到，因为它的用金量较大，制作也很复杂。

第四节　配饰的风格

一、美式风格

美式风格融合多种风格，形成了对称、精巧、幽雅、华美的特点。美式风格多采用金鹰、交叉的双剑、星、麦穗、花彩等纹饰元素，呈现出独特的韵味。

二、新中式风格

新中式风格缘于我国传统文化复兴，伴随着国力增强，民族意识逐渐复苏，人们开始从纷乱的模仿中整理出头绪。在探寻我国设计界的本土意识之初，成熟的新一代设计队伍和消费市场逐渐孕育出含蓄秀美的新中式风格。

三、新古典风格

新古典风格起源于18世纪中期，根植于理性主义，摒弃了巴洛克和洛可可风格中的过度矫饰，而谋求几近失落的纯粹高贵风格的回归。而设计感是通过希腊式的简洁结构取得的，承袭了浪漫主义色彩。

四、东南亚风格

东南亚风格在设计上逐渐融合西方现代概念和亚洲传统文化，通过不同的材料和色调搭配，在保留了自身的特色之余，产生更丰富的变化。东南亚风格主要表现为两种取向，一种为深色系带有中式风格，另一种为浅色系受西方影响的风格，表达热烈中微带含蓄、妩媚中蕴藏神秘、温柔与激情兼备的和谐的最高境界。

五、地中海风格

地中海风格起源于9—11世纪，特指沿欧洲地中海北岸一线，特别是西班牙、葡萄牙、意大利、希腊等国家南部的沿海地区。地中海风格多采用柔和的色调和大气的组合搭配，深受人们的喜爱。

六、中西混搭风格

中西混搭风格是糅合东西方美学精华的新兴风格，不同的组合总是可以创造新的活力与动感。设计师的设计理念和材料结合了国际现代主义和中国传统审美意识，创造了个性化的风格。中西混搭风格将巧妙地结合中西文化特色，一种新的流行复古风迎面吹来。

第六章　现代服饰的发展趋势

服饰作为审美意识的物态化形式，是人类文明的重要表征，蕴含着人们的审美需求和时代风尚，对社会起着积极的导向作用。从服饰的起源来看，服饰是建立在实用基础上的一种装饰，体现为实用与审美的统一。服饰审美功能主要体现在服装设计、着装和配饰辅助等方面。

服装设计作为一门造型艺术，讲究仿生性、动态感、创意性、协调性、时尚性和民族性等特点。服饰不仅有设计者的趣味和偏好，同样显示了着装者的审美趣味。着装讲究穿戴的搭配，造型与色彩体现着装者的个性气质，要扬长避短，要有整体性视野，同时兼顾自然环境与人文环境等。配饰辅助美体现在配饰要与身体和心境协调一致，与整体服装密切相关。

第一节　现代服饰的发展

一、现代服饰的发展

由于经济的发展和人们审美观念的提高，现代人对高品质服饰的追求日益凸显，不再以廉价、耐穿为主要目标，而更多地追求高档、美观，能够体现个人品位和与众不同。

20世纪80年代以前，人们受到从众心理和物质条件的影响，服装的样式主要为军便服、中山装和工作服等，色调也局限于绿、黑、蓝、灰几种颜色，80年代初，服饰界出现了“西装热”“牛仔热”，体现了人们喜欢“赶时髦”的特点。进入90年代，人们出现表现自我、塑造自我的个性意识，追求与众不同的服饰风格。在服饰样式上，完全突破了传统服饰的结构，也突破了西方出现的H形、T形、V形、X形等结构，形成了多种多样的异形结构，以女裙为例，有大摆裙、三塔裙、一步裙、蜻蜓裙等，显示了人们的现代服饰观念。

二、现代服装的流行方向

（一）“名牌效应”

“名牌效应”就是人们追逐名牌，以穿着名牌服饰为时尚。在

20世纪80年代初，皮尔·卡丹率领他的时装表演队来华时并没有受到重视，然而，短短几年以后，人们开始穿名牌服饰。

（二）成为表达的载体

20世纪90年代初兴起了文化衫热，文化衫的质地是棉纱，式样是一向被人们视为“老头衫”的白色汗衫，不同的是上面印有各种图案和文字。这成为人们表达个性和创意的载体。

（三）个性与时尚的结合

服装已成为反映着装者社会性的一种无声语言，所以那些标榜自我存在、显现自我主张、有鲜明个性特征的服装必会受到消费者，尤其是年轻消费者的青睐，在现代人眼里，时髦、有创意的服装，能够张扬个性，可以更好地修饰自我。

三、现代服饰的流行趋势

（一）中性化

服饰在性别方面的差异逐步缩小，人们穿衣不再受限于性别，如牛仔裤、男式衬衣、领带、西装夹克日益受到女士的喜爱。与此相反，花色衬衣、花样毛衣、金银首饰也逐步进入了男性世界。随着社会的发展，服饰中性化的趋势还将进一步发展。当然，这种中性化将是男女服饰的互相渗透、借鉴、交汇和融合，更符合新时代各自的性别角色，而不是角色的交换。

（二）崇尚自然

由于现代都市生活的紧张、快节奏和喧嚣，越来越多的人想远离都市、接近大自然，大自然中的颜色成为流行趋势，如“田野色”“海洋色”“森林色”“泉水色”等，对这些颜色的喜爱成为人们追求大自然的一种象征。各种仿生服装的出现，也体现了人们对自然的一种向往和追求。

（三）便装化

追求方便、轻松、自然、舒适成为一种风气，牛仔装、夹克衫等随和的服饰成为流行。

随着社会生活水平和人们审美意识的不断提高，服装消费者的购买行为由盲目从众向理性消费转变，消费心理趋于成熟。

第二节　流行时装的产生

服装流行是指以服装为对象，在一定时期、一定地域或某一群体中广为传播的流行现象，主要包括服装的款式、色彩、质料、图案、工艺装饰及穿着方式等方面的流行，反映了特定时期和地区的人们对服装的审美需求。服装的流行浓缩了地域在一段时期内特有的服装审美倾向和服装文化的面貌，并体现在这一时期内流行服装的产生、发展和衰亡的整个过程。

一、20 世纪早期——法国设计师成为指导流行的权威

查尔斯·弗雷德里克·沃斯的成功对许多设计师来说都是强烈的刺激和启发，从而引发了一些设计师的效仿。于是，在巴黎逐渐形成以上流社会为服务对象的高级时装业，法国设计师成为指导流行的权威人物。

19 世纪末到 20 世纪上半叶，巴黎时装界人才济济，历史进入一个由设计师创造流行的时代。在这个时代，法国设计师在流行浪潮里始终处于中流砥柱的位置，他们将服装漫长的演化过程转变成一种革命性的举动。同时，科技的进步从不同层面上改变了人类自古以来构筑的生活模式和价值观，为 20 世纪新的生活方式的到来进行了各种物质和精神准备。对应着社会形态的变革，服装样式也处于向现代社会转变的时期。

（一）20 世纪初——变革与解放

20 世纪的前十年是解放的年代，保罗·波烈摒弃紧身衣、运动装广泛流行等，都反映了女性服饰的极大改变。

（二）20 世纪 20 年代——新形象

摆脱战前的旧观念是巴黎高级服装设计师的新目标，是现代功能性服装的开始。自由恋爱、有学问、有职业是战后新女性的理想形象，寻求适宜运动的服装，短发、齐眉的钟形帽、高腰宽松至膝

长的套装成为当时的流行趋势。在巴黎，像加布里埃·香奈儿、玛德琳·薇欧奈等设计师成为引导当时流行趋势的先驱。

（三）20世纪30年代——复古与新材

20世纪30年代是一个充满变动的年代，世界性的经济崩盘到第二次世界大战结束，使这个年代虽然表面看起来平静无事，却随时都预示着一场“暴风雨”的来临。这种类似于集体麻痹的现象也出现在时装的流行取向上。人们不再喜欢20年代那种缺乏女性味道的中性打扮，转而追求更具女人气质的穿着。人们在这种典雅的复兴风潮中，满足了对物质的享受和追求，也奠定了这十年的时尚基础。

好莱坞的兴盛，对20世纪30年代服装的流行产生了重要影响。电影明星的穿着打扮成为人们竞相模仿的对象，使大量的设计师投入电影服装造型设计中，美丽的服装透过这些动人的女性呈现出来，形成强大的影响力。

二、20世纪中期——成衣的发展及流行的大众化

（一）20世纪50年代——复兴的奢华

第二次世界大战后，法国时装再次活跃起来。在1947年的巴黎时装发布会上，克里斯汀·迪奥发表了新作，即刻被命名为“新风貌”，并由此奠定了20世纪50年代以后世界时装的流行方向。这

时，法国高级时装迎来了第二次鼎盛时期。巴黎高级时装店在引导世界服装发展趋势的同时，世界各地的年轻人也对服装表现出了极大的热情。

在“新风貌”后，克里斯汀·迪奥推出了一系列令人惊艳的服装：裙摆摆动如花冠散开的设计，以字母A、H、Y为廓形的服饰，构成了那个时代的主要流行趋势。此外，他设计的一袭优雅高贵的鸡尾酒会服再度震慑所有人，其特色在于前胸呈“V”字形或心形，开领极低，吊带在肩膀附近，展露胸部和几乎整个肩部，性感撩人，裙摆长及小腿，但又比正式晚礼服稍短，不但适合各个年龄段穿着，且无论出席晚会还是休闲场合，皆合适。这身礼服在当时引发了新的时装革命。在当时，所谓时尚潮流基本上是克里斯汀·迪奥的潮流，鸡尾酒会服也成为所有设计师争相效仿的单品。

（二）20世纪60年代——时尚观念的巨变

进入20世纪60年代，电影、音乐和社会的变革对年青一代人开始产生影响，大众消费社会以不可逆转的姿态到来。由于“年轻风暴”的影响，服装业发生了巨大的变化，年轻人对生活提出了自己的要求和主张，对传统文化不感兴趣、向传统习俗和传统审美提出挑战。其中具有代表性的设计师当属玛丽·奎恩特，其设计的迷你裙具有前卫性与挑战性，“迷你”的意义不仅是一种新款式、新时尚，更是对一种旧观念的动摇与革新。

（三）20 世纪 70 年代——风靡牛仔

20 世纪 70 年代，牛仔裤在时尚之都巴黎被隆重推出，势不可当，直到 20 世纪 80 年代，变成国际范围的日常服装。人们对牛仔裤的普遍认同，是自法国大革命以来追求无差别服装的一个成果。至此，服装真正进入大众化时代。

三、20 世纪后期——现代服装流行的多元化

进入 20 世纪八九十年代，全球经济高速发展，时装贸易成为许多国家和地区的经济增长点。无论是奢华昂贵的高级时装，还是针对大众消费者的成衣，都出现了极大的需求。女性更广泛地加入社会的各种角色中，服装在款式、材料、品牌等方面越发多元化，成衣业得到空前发展。

（一）20 世纪 80 年代

随着高田贤三、三宅一生、川久保龄、山本耀司等日本设计师被国际时尚界关注，并引起轰动，服装界又出现了新的视觉焦点。在东西方不同思维的碰撞下，服装风格变得越发多元化，同时受环保概念的影响，宽松的服装越来越受欢迎；朋克文化成为一种服装风格并渗透到高级时装中；女性形象更为积极、自信和独立。20 世纪 80 年代早期，流行服装打破了男女衣着、发型、化妆的界限。服装品牌通过杂志、影视等媒介被大众广泛关注和追捧，不断刺激着

人们的消费欲望。对流行的渴望和消费使部分人变得疯狂。人们对知名品牌的追捧使得非法仿制者越来越多，到80年代中期已经完全失控。80年代中期到后期，带肩垫的服装流行范围很广，但进入90年代后期很快就销声匿迹，包括80年代后期流行的淡色西装也是同样的命运。

（二）20世纪90年代——变化多端

到了20世纪90年代，解构主义、后现代风格大行其道，服装的设计思维不仅体现在款式结构上，还体现在制作工艺上，设计师向传统发起挑战。90年代后期，人们开始追求独创的个性服装，街头服装受到狂放不羁的艺术家的喜爱。同时，人们也开始关心生态与健康，更青睐环保性与舒适性的面料。另外，服装业带动模特业，使其得到空前发展，一些世界超级模特甚至比好莱坞的明星还耀眼。伴随着经济的快速发展，到90年代末，各大顶级品牌开始形成新世纪的格局，随着LVHM集团进军时装界，高级时装业开始了新的发展与繁荣。

四、21世纪——没有权威与风格的流行时尚

21世纪，人们进入一个瞬息万变的快节奏时代，特征可以概括为：网络文化、快餐文化和消费文化。现代社会是一个物质过剩、信息传媒发达及快节奏的社会。以快餐文化为代表的快节奏、高效率的生活方式使人们不再有时间、有耐心去看鸿篇巨著，听古典交

响乐，而是更喜欢杂志、漫画、网络小说等能快速吸收与快速忘记的东西。同时，由于物质的极大丰富使人们置身于一个消费社会，人们被消费所包围，大多数的服装都是为了刺激消费而设计的，整个社会都在围绕着消费而运转。消费社会使流行变得不可能长久，消费的审美趣味的多样化很大程度上影响着甚至决定着设计，这使消费文化具有广泛的包容性及多元性。

社会还有一个突出特征是信息传播业的发达。信息技术的突飞猛进使世界变化加快，各种文化之间的距离和界限在逐渐淡化；传播媒介使流行时尚一日千里，今日巴黎刚流行的款式，明日就可能在东京街头出现，款式的更新速度是以往任何时代所不能想象的。

因此，21 世纪是服装风格极端多元化的年代，也可以说是风格丢失的年代。在强烈追求个性的时代，美是多种多样的，即美没有一致的标准：华丽中有繁杂的美，简约中有单纯的美，颓废中有放任的美，古典中有怀旧的美等。无论是巴黎、东京还是伦敦的设计师，都在努力强调自己的设计创意是独一无二的。同时，时尚的追随者把“绝不雷同”的愿望表达得淋漓尽致。各种时装经过糅合、搭配、装饰、复制和颠倒被赋予新的含义——没有清晰可辨的风格，但却有着丰富多变的折中与解构。

第三节　影响服装流行的因素

一、自然环境

影响服装流行的自然环境因素包括气候条件、人口分布条件等。人们在设计、制作服装的时候，在一定程度上是为了适应生存环境，气候条件的区域性和综合性特点，直接决定了此地区的服装风格。人口分布指区域性人口的密集程度、年龄层次、职业、性别比例等条件状况。人口分布对服装流行消费的状况具有直接的作用和影响。人们年龄、性别等方面的差异造成生理和心理上的不同，从而形成层次性的服装消费，并由此产生各种形式的服装流行。

二、社会环境

社会活动及生活环境会对人们的服装流行产生很大的影响。在工业时代，随着都市生活的兴起和人口的流动，服装流行变得重要，追随流行似乎成为人们展示个性的手段。这个时期，纽约的服装工业对流行趋势的认识及生产技术有了很大的提高，从单纯的仿冒向原创性发展。在后工业时代，社会结构的变化促进了服装款式的变化，越来越多的传统服装款式逐渐被快速变迁的流行服装款式取代。

不同的社会环境造就不同的社会群体和民族。不同的社会群体和民族的服饰传递穿着者的信息，如社会阶层与地位、地域、种族和宗教等。从形式上看，人类社会发展中无论是群体生活习惯还是民族文化都对服装流行有着重要的影响。

三、政治和文化

一般来说，开放的政治环境使人们更加注重服装的品质和个性表达，追求服饰的精美华丽与多样化的风格。

任何一种流行现象都是在一定的社会文化背景下产生、发展的，服装的流行也必然受到该社会的道德规范及文化观念的影响和制约。每个时代的文化及艺术思潮在一定程度上影响着该时代的服装风格，如哥特式、巴洛克、古典主义等文化、艺术形成，风格和精神内涵都反映在服饰上。

四、经济和科技

服装是社会经济水平和人类文明程度的重要标志。经济是社会生产力发展的必然产物，是服装流行的首要客观条件，直接影响到服装流行趋势与人们消费倾向。新的服装样式能在社会上流行，需要社会具有大量提供该服装样式的物质能力，还需人们具备相应的经济能力。

科学技术的发展促使服装从手工缝制走向机器化生产。纺织技术的进步和化学纤维的发明极大地丰富了人们的衣着服饰。现代纺织、印染、加工等技术，不断地满足着人们的多种需求，加快了服装流行的进程。

经济的发展刺激了人们的消费欲望和购买能力，科学技术的发展促进了服装生产和新材料研发，二者都推动了服装的流行。

五、个人生活观念

个人生活观念包括个人需求、生活方式和生活态度。

个人需求对服装流行有着深远影响，例如，审美需求、功能需求，情感需求等。

生活方式对服装流行有着多方面的影响。例如，不同的生活空间对人们的穿衣打扮影响不同，一些人为了生存和社会交际，必须使自己的穿着能适应特定的自然条件和社会环境。

不同的人群有各自独特的社会心态，导致不同的生活态度，这种生活态度对服装流行的影响是巨大的，而且无处不在，人们对服装的造型、色彩、图案等元素的选择会有相应的变化。例如，东方人的服装较为保守、含蓄、严谨、雅致，西方人的服装则追求创新、个性、奔放、随意。

六、社会意识

社会存在决定社会意识，而社会意识又是影响人们消费需求的思想基础。服装兼具实用功能和社会功能，二者都会产生相应的象征性概念，这种概念一旦在社会中稳定，就会成为一定时间、范围里的社会意识。这种反映在社会群体中的服装意识不仅表现在对服装的外在评价上，也对服装的使用性和社会功能的适应性有比较深刻的理解，从而使这种意识成为一种对服装综合评价的标准。

总之，从事服装行业的专业人士，要能够把握流行、引导流行。在崇尚个性的今天，服装流行已不再是某一具体款式、特定色彩的流行，而是某种服装风格、某一系列色彩、某些流行元素的综合运用。因此，必须善于分析纵向的历史流行规律，注意了解横向的国际流行信息，积极关注政治、经济、科技、文化等各方面的动态，及时对人们在新动态下可能产生的新消费审美需求做出准确的预测，对影响服装流行的因素进行分析，把握流行。

更准确地把握流行趋势需要时尚工作者对流行趋势有正确的预测及对流行资讯有正确的运用。服装设计师对流行趋势做出准确预测，就可以从色彩、款式、面料等各方面做出正确地把握，将收集的信息进行分析整理，做出正确地判断。

第四节　服装流行的传播

一、出版物

近年来，我国及其他各国出版业有了突飞猛进的发展，出版物在流行传播中拥有广泛的覆盖面，是有效的传播方式。时装杂志一直在服装流行的传播中扮演着重要的角色。如今，许多时装杂志跨越国界进入全球的流行市场，如 *VOGUE* 和 *L'OFFICIEL*，通过推出多个国际版本，展示着他们精美的制作、一流的品位、敏锐的时尚嗅觉、独特的社会报道，引领着时尚潮流。他们所传达给每个读者的是全新的视觉效果，将服装的最新消息以大量的图片和文字说明的形式进行整合，将最近的流行趋势及风格特质传达给读者，使人的审美观念有所更新。

二、时装发布会

时装发布会是在特定的环境下，模特穿着服装设计师的作品，将形体姿态与时装相结合，展现设计师的创意和高度完美的艺术形式。

意大利米兰、英国伦敦、美国纽约、法国巴黎这四个国际大都市的时装周受到了全世界的高度关注。T 台上，模特以优雅有节奏的步伐向台下成衣商、服装评论家、新闻记者及明星等展示服装设计师的新佳作。当一套套服装在舞台上被模特以动态的形式呈现时，再加上灯光、音乐的配合给人一种美的享受，再造了服装的艺术表现，强化了服装本身具有的艺术特质，赋予了服装全新的生命力，使观众眼前一亮，给观众的感官带来了视觉的冲击力，加深了观众对时尚的敏感度。新闻记者的报道进一步扩大了服装的流行趋势，使服装流行的覆盖面成倍地放大。

三、影视媒体

随着电影、电视及广告在全球娱乐市场的不断升温，影视媒体是不再单一的娱乐载体，而是成了一种有效的流行传播工具。服装作为一种视觉语言出现在影片中，影视媒体通过背景、灯光和恰到好处的音乐强化了这种视觉语言，使服装成为一部作品中吸引观众眼球的重要因素之一。比如，《花样年华》中的故事情节引人入胜，还为观众演绎了一场服饰盛宴，影片中张曼玉身着的每套旗袍都与故事情感基调相呼应，同时凸显了女人的曼妙身姿，吸引着观众的眼球，于是在影片成功放映的第二年，旗袍风如一股淡雅的清香弥漫在整个中国大地；《雌雄大盗》中邦尼的装束也引领了时尚潮流，其中贝雷帽的造型依然时不时地出现在杂志封面上；《时尚先锋香奈儿》中女主角头戴扁平的草帽，被广大女性纷纷效仿。影视媒体中的服装之所以能引领时尚潮流，是因为除服装本身款型特别、曲线优美并有别于传统服装外，影视明星的功劳也是相当大的。很多人都是因明星去看一部影视作品，因此也会效仿影视作品中明星的穿着打扮。

服装是需要借助一定的传播方式、手段才能将本国及其他国家服装流行色彩、造型、面料、风格展现在每一位“赶潮者”的眼前。流行是由大众创造的。但出版物、时装发布会及影视媒体这三大传播方式对流行服饰发挥的作用是不可或缺的。尤其是在今天这个信息时代，电影、电视及广告在全球娱乐市场的不断升温更加驱动了这种超越国界的流行趋势，这三种传播方式使开启服装文化新纪元成为可能。

第五节　现代服装流行的特点

一、渐变性

服装流行的过程是从个别接受到部分接受再到全面流行，并非突然产生或消亡。流行能够产生，本质是一种社会性的行为。一般来说，潮流服装最早出现时是相对超前的，只出现在极少数具有潜在影响的场合和对潮流非常敏感的人群身上。

二、周期性

服装的流行具有周期性，但是周期交替的频率和延续时间并不固定。任何一种服装的流行都会经过兴起、普及、盛行、衰退和消亡这五个阶段，并呈现出螺旋式的周期性变化。服装流行的这种周期性变化常常与产品生命周期相联系，即将一个产品周期划分为介绍期、成长期、成熟期和衰退期。介绍期一般是服装刚刚进入市场的阶段，产品的价位高，原创性强，但往往无法确定是否能够被消费者所接受。进入增长期，服装开始逐渐引起人们的关注，仿制品也开始以不同的价格大量出现。发展到成熟期，服装受欢迎的程度达到顶峰，消费者购买和跟风的现象最为明显。接下来当服装不再被人们喜欢或者被人们逐渐厌倦时，品牌和厂商开始关注新的服装色彩或样式，原有的服装元素逐渐淡出流行直到消亡。一般来说，服装的生命周期长，流行周期也较长；生命周期短，流行周期也较短。

三、关联性

服装的流行往往会受到政治、经济、文化等多种因素的影响，世界经济的繁荣与衰退、某部电影或电视剧的盛行等，都会成为服装色彩和样式流行的依据。我们可以发现，越来越多的服装趋势手册都不仅仅局限于一部手稿的制作，设计师会花费很多的精力去采集社会上各个层面的新闻与动态，并从中找到最有可能对下一季服装产业产生直接影响的灵感来源，尤其是已经出现在其他设计领域的产品。这种关联性不仅仅是指其他因素会左右服装的流行，服装的变化同样可以引发相关领域的潮流革命。

第六节　现代服装的主要风格流派

一、浪漫主义风格

浪漫主义风格在服装设计中较为流行。它主张摆脱古典主义的简朴和理性，反对艺术上的刻板僵化，它善于抒发对理想的热烈追求，热情地肯定人的主观性，表达激烈奔放的情感，常用瑰丽的想象和夸张的手法塑造形象，将主观、非理性、想象融为一体，使服装更个性化，更具有生命的活力。服装注重整体线条的动感表现，使服装能随着人体的摆动而显现出轻快飘逸之感。

二、前卫风格

前卫风格以否定传统、标新立异、创作前人所未有的艺术形式为主要特征。前卫风格是有异于世俗而追求新奇的，它表现出一种对传统观念的叛逆和创新精神，是对经典美学标准做突破性探索而寻求新方向的设计。前卫风格的服饰，用夸张的设计表现出设计师对现代文明的嘲讽和对传统文化的挑战。

三、田园风格

田园风格的设计，是追求一种不要任何虚饰的、原始的、纯朴自然的美。繁华城市的嘈杂和拥挤，以及高节奏生活给人们带来的紧张等，使人们不由自主地向往精神的放松与舒缓，追求平静单纯的生存空间，向往大自然。而田园风格的服装为人们带来了有如置身于田园的心理感受，具有一种悠然的美。这种服装适合人们郊游、散步和参与各种轻松活动时穿着，迎合现代人的生活需求。田园风格的设计特点，是崇尚自然而反对虚假的华丽、烦琐的装饰和雕琢的美。设计师摒弃经典的艺术传统，追求田园一派自然清新的气象，以明快清新具有乡土风格为主要特征，以自然随意的款式、朴素的色彩表现一种轻松恬淡的、超凡脱俗的情趣。

第七章　服装设计法则

第一节　男装的特点和设计要点

俗话说“男装穿品位、女装穿款式”。所谓品味是指服装的品质与韵味。男装整体变化较小，品牌设计师如果不在工艺精良、结构“精当”上下功夫的话，恐怕很难再有其他作为，无法形成不同企业、不同品牌男装各自的独特风格。因此，男装品牌的设计应有其独特的基本要求，从事男装产品设计的人应当将这些基本要求自觉转化为指导男装结构设计实践的基本理念、形成风格、创造特色。

一、追求工艺精良的技术美

技术美是人在以实用为目的的产品上所施加的技术手段，以符合美的规律，它能给人带来审美愉悦。服装的技术美是以服装真实的物质形态作为表现形式的，结构平衡、穿着合体、缝制精细、止口顺直、熨烫平整等正是服装技术美的具体表现形式。

结构设计对服装工艺和最终品质具有很大程度的决定作用。服装结构设计是服装款式设计后的二次设计。款式设计的一些要求通过结构设计的具体结构得以实现，结构设计可以从结构的角度使服装外形更合理、优化、完整。服装的品质由很多因素决定，如服装材料、服装工艺等，但最重要的因素是服装结构的合理性。服装制版师可以根据不同的服装面料、工艺和缝制设备调整衣片的结构形态，也可以为特殊的结构选择合适的工艺手段，可见，结构设计优劣与成品质量优劣有着必然的直接关系。

男装的品位优劣在很大程度上取决于工艺的优劣。这是因为男装造型具有程式化特点，与其想在外观形式上取悦于人，不如更注重结构与工艺的设计质量。如果说女装结构设计追求的是基于外形变化的形式美，要求打板师在进行女装结构设计时首要考虑的问题是对款式的充分理解的话，那么男装结构设计所应追求的则是基于内在品味的技术美，要求服装制版师在进行男装结构设计时，首要考虑的问题是对产品档次与功用的把握。

二、追求结构“精当”的功能美

现代产品设计是以功能效用为核心的。服装穿着美观、舒适，便于运动，有利健康，这便是服装的功能美。要赋予服装功能美，结构设计“精当”是重要前提之一。对于结构“精当”，可从以下两个层面理解。

一是“精”，即对衣片结构中量的分配的精确把握。要求打版师精确把握纸样设计所涉及的各种人体参数，包括中国尺码标准人体各部位的尺寸、廓形及截面形状，以及代表服装号型尺码的身高、胸围等与身体其他部位的比例关系。

除此之外，由于人体的复杂性、服装材料的复杂性及服装造型的多样性，要求服装制版师对缝合部位之间的长短大小进行量的匹配。只有匹配得当，才能保证产品造型和机能性的设计要求。

二是“当”，即对衣片结构中形状的恰当把握。衣片的形状会直接影响服装的造型和机能性，需要设计师和服装制版师理解衣片与人体的关系，把握平面衣片与立体成衣的转换。另外，服装是由多枚衣片组合而成的，因此还要把握衣片各自本身的形状，以及衣片与衣片之间的形的相互匹配。

从某种意义上讲，服装结构设计的过程，就是协调服装的观赏性与机能性矛盾的过程。更微观地分析，可以把服装结构设计的过程看作一个量与型的调整过程。服装就是这样在对合体与宽松、平面与立体、观赏性与机能性的不断斟酌、反复调整中形成的。

第二节　童装的特点和流行趋势

一、童装的面料

（一）舒适度

童装注重吸汗、透气性，首选棉质、亚麻等天然面料，除此之外，一些普通面料经过特殊处理也可作为童装面料使用，如对纯棉面料进行丝光处理；改善制造工艺，使质地变得细柔软滑，透气性更好。

（二）追求绿色环保

面料含有有害物质对儿童的危害是非常大的。所以，对童装面料的制作应更严格要求，应追求绿色环保的面料。

（三）科技含量提高

随着人们生活水平的不断提高，人们不再单单看面料的颜色和质地，而更看重面料高科技的含量。一些布料经过特殊处理，产生特殊性质，如增加弹性、防水、抗菌、防静电、防紫外线、抗电磁波功能等，使童装在面料科技运用上超过了成人装。童装面料具有特殊性，它要比成人服装在舒适、柔软、轻盈、防撕、耐洗等方面要求更高，花色图案要求简单、宽松、活泼、新奇。

二、童装的颜色

童装消费对应的是特殊年龄段的群体，童装的色彩也具有特定的科学内涵。童装色彩学包含着两个层面：一是童装流行色与地域时尚的联系，二是童装色彩和儿童心理与生理本身特性的联系。

三、童装的流行趋势

如今人们对童装的观念已不再停留在卡通造型、可爱等传统的印象中，随着成人服饰品牌争相推出童装，童装流行度越来越强，卡通只是童装的一个特征而已。从流行趋势来看，童装品牌选择与风格将更多样化。

据某童装企业的资深设计总监介绍，成人化始终是近几年来童装的主要流行趋势。近年国际上整体流行复古、清纯的淑女风格，这股流行风也体现在童装上，小姑娘穿上色彩粉嫩、款式优雅的服装仿佛置身于梦幻花园。男孩子的服装依然延续舒适的度假风格。男孩子自我、酷爱运动的本性得到最大满足，充分运用科技环保面料。

第三节　礼服的特点和设计要点

礼服在服装中占重要地位，设计师通过对面料的质感、款式、造型及装饰手法的设计丰富礼服的款式。

一、礼服廓形设计

以女性礼服为代表，从 17 世纪路易王朝时代宫廷贵族穿着的宫廷服装到现代多元素的晚礼服，无论款式变化多么复杂，廓形都以 A 形、H 形、T 形、O 形、X 形、Y 形等为主，其中婚纱以 X 形为主。从仿物造型上分为美人鱼形、郁金香形、蛋形、喇叭形、灯笼形、蝴蝶形、气球形、扇形、浪花形等；从礼服的长短来看有迷你裙、及膝裙、小腿裙、长裙、拖地裙等。礼服以其简洁流畅的线条在廓形上通过缎子、丝绸、丝绒织、棉纱质、蕾丝等织物进行丰富的变化。

二、礼服的细节设计

礼服细节的变化丰富了礼服的设计，通过礼服各个部位的设计及自由组合演变出了多样的款式，也让礼服设计的内涵有了众多的展示空间。

（一）领部设计

领子是服装的视觉中心之一，好的领子设计能让礼服增色颇多。礼服领部设计分为有领和无领，其中无领设计居多，尤其抹胸礼服更是占据了礼服的主流，主要以一字抹胸礼服和燕形抹胸礼服为多。有领礼服主要有宽窄不一的立领、翻立领、环领、垂荡领、荷叶领等。

（二）袖子设计

大多数礼服以无袖为主要造型，少数为宫廷式喇叭袖、羊腿袖、泡泡袖等。袖子造型为礼服的艺术性和美感增加了视觉元素。

（三）腰部设计

一般礼服有连腰与两截式腰，礼服以连体的连腰为主流，高腰位的礼服更能让人强烈地感受到礼服的高雅、华丽、别致。

（四）裙摆设计

礼服裙摆的设计丰富，有迷你裙摆、鱼尾摆、旗袍裙摆等。摆线也可以进行丰富的变化，有水平、斜向和圆弧之分，有连体拖摆与分离拖摆。

（五）裙撑设计

礼服的设计追求典雅的效果，有直接用面料呈现典雅效果的无裙撑的礼服，也有通过裙撑呈现。紧身的胸衣加臀垫裙撑曾在欧洲成为主流，有两截式裙撑、三截式锥形裙撑、缀在衬纱上的硬纱裙撑、用尼龙骨架制作的拖尾式裙撑、用尼龙丝制作的几何或者不规则造型的拖尾式裙撑等。现代礼服一般以无裙撑造型为主。

（六）背部设计

礼服的背部有裸背型、穿带型、与抹胸平齐型、V 形等。背部的设计通过附上装饰物加以点缀来体现礼服的魅力。

第四节　运动服装的特点和设计要点

运动服装在以前多是人们体育运动时的穿着，但随着社会的不断进步与发展，人们在日常生活也穿运动服，但服装的设计还是离不开最基本的设计要素。

一、颜色的选择

运动服装的颜色不像职业装那样庄重。在色彩的选择上随着社会的发展变得越来越多彩，但运动服装的上衣和裤子多为同一颜色，多是整套设计并且少有花纹、装饰等。现在很多人喜欢穿运动服装，除了穿着舒适外，还因为无须考虑衣服和裤子的搭配性。运动服装颜色的多样性也适用于各个年龄和社会阶层。

二、款式的选择

运动服装的款式依据运动的类型而设计，一般较宽松、舒适。各式各样的运动服装正在满足现在不同消费群体的需要。

三、面料的选择

由于运动会产生很多汗液，因此运动服装多采用棉质、舒适、吸汗的面料。如今运动服装的款式不断更新换代，在面料的选择上也在不断地变化，如防水面料等。对于不同用途、不同款式而选择用不同的面料，是运动服装设计的一项重要的基本要素。例如爬山、攀岩等户外运动则选用一些防水、防晒的面料。

四、运动服装设计的其他要素

人们以穿着舒适、简单、大方、时尚为现在的穿衣标准。运动与时尚相结合的服装，符合现在年轻人和运动休闲服饰消费群体的着装需求。同时，要有创新意识，必须摒弃抄袭和模仿，把我国的本土文化融入运动服装设计中。

（一）流行趋势

运动服装为服装种类的一种，设计者除了按照运动服装的基本要素去设计外，也需要注重时下运动、服装颜色等的流行趋势，设计符合大众要求，适应流行趋势，具有时代感的运动服装。只有跟上当下的流行趋势，才能创新地设计出受广大消费者喜爱的运动服装。

（二）面向的消费群体

应根据消费者不同年龄层、不同消费层次，设计不同的运动服装，而不是千篇一律的。

参考文献

[1] 徐纯. 浅析动漫造型中的服饰语言 [J]. 科教文汇（上旬刊），2010（1）.

[2] 吉萍. 服装设计教学中创新性思维的培养探究 [J]. 新课程研究（中旬刊），2010（9）.

[3] 张锡. 设计材料与加工工艺 [M]. 2 版. 北京：化学工业出版社，2010.

[4] 王娇. 中国传统服饰文化与现代服装设计 [J]. 山东纺织经济，2012（9）.

[5] 张卓然. 浅析中国传统元素在现代服装设计中的应用 [J]. 美术教育研究，2011（8）.

[6] 乔玉玉. 服装色彩对服装款式设计影响的探析 [D]. 大连：大连工业大学，2014.

[7] 王嘉艺. 未来主义艺术在服装设计中的研究与应用 [D]. 大连：大连工业大学. 2014.

[8] 徐强，甘应进，陈东生. 运动服装设计要素浅析 [J]. 重庆科技学院学报（自然科学版），2010，12（6）.

[9] 牛宏颐，李晓英. 运动服装设计要素及其应用分析［J］. 针织工业，2013（8）.

[10] 徐薇. 中国当代青年个体着装心理研究［D］. 长沙：湖南师范大学，2010.

[11] 张晓丹. 数字化时代服装材料与服装设计的关系研究［J］. 科技信息，2010（31）.

[12] 杨俊. 服装材料在服装设计中的视觉表现研究［D］. 南昌：江西师范大学，2010.

[13] 李立新. 服饰设计应用研究［M］. 北京：中国纺织出版社，2014.

[14] 吕学海. 服装系统设计方法论研究［M］. 北京：清华大学出版社，2016.

[15] 花俊苹，李莹，柳瑞波. 服装色彩设计［M］. 北京：中国青年出版社，2012.

[16] 艺术研究中心. 中国服饰鉴赏［M］. 袁观洛，译. 北京：人民邮电出版社，2016.

[17] 刘旭. 服装设计与表现［M］. 辽宁：辽宁美术出版社，2016.

[18] 中泽愈. 人体与服装［M］. 袁观洛，译. 北京：中国纺织出版社，2000.